I 部

情報を活用した新しい林業

寺岡行雄
鹿児島大学教授

情報を活用した新しい林業

鹿児島大学教授
寺岡行雄

日本林業を取り巻く環境

森林資源の充実

林野庁の統計によると、２０１７年度のわが国の林業産出額は４８５９億円であり、ＧＤＰの０・08％、就業者数も４万人で総就業者数の０・１％に過ぎません。一方で、森林面積は２５０８万haで国土の67・３％を占めており、森林蓄積は52億㎥、年間蓄積成長量も約７０００万㎥あります。１０００万haの人工林資源を中心とした豊かな森林資源は、わが国の数少ない自給可能な資源です。近年減少傾向にあった国内の木材需要量は、２０１８年度には

地域の
林業戦略に活かす
林業ＩＣＴ

寺岡行雄　編著

Yukio Teraoka

林業改良普及双書　No.195

はじめに

林業ＩＣＴとは、最端技術を駆使し、生産性や安全性の向上、高度な木材生産を可能とする「スマート林業」の実現に不可欠な革新的な技術です。

林業ＩＣＴによるスマート林業においては、ＳＣＭ（サプライチェーン・マネジメント）の構築、高精度情報等による精密林業の実現、自動化、各部門の省力化・生産性の向上、労働人口減少対応、職場環境の改善などが期待されています。

本書ではこのようなスマート林業の意義や期待される効果、林業ＩＣＴの個別技術のほか、林業ＩＣＴによるスマート林業の実例についても紹介します。

また、地域林業において重要な役割を果たす市町村において、林業ＩＣＴにより、市町村業務にどのような支援が期待できるのか。さらに地域林業の推進役として積極的に関わっていくために押えておくべき林業ＩＣＴの知識について分かりやすく紹介します。

そこで、全国の数多くの自治体等での林業ＩＣＴ普及にも関わってこられた寺岡行雄・鹿児島大学教授に編著者としてお願いをさせて頂きました。

Ｉ部では、寺岡教授に林業ＩＣＴを巡る動向について整理して頂くとともに、林業ＩＣＴによる次世代の林業の姿（スマート林業）について描いて頂きました。
Ⅱ部では、寺岡教授へのインタビューを通じて、林業ＩＣＴ技術の全体像を整理した上で、市町村への活用事例、今後の可能性などについて紹介しています。
Ⅲ部では、林業ＩＣＴを活用してスマート林業を目指す先進事例として、山形県金山町森林組合と熊本県くま中央森林組合の取り組みを掲載しました。

本書を、スマート林業、林業ＩＣＴに対する理解と、市町村をはじめ地域の森林管理・林業振興のために林業ＩＣＴ導入による問題解決の糸口としてお役立て頂けましたら幸いです。

２０２０年2月　全国林業改良普及協会

目次

目次

Ⅱ部

林業ＩＣＴを市町村の森林監理業務に活かす視点　58

寺岡行雄・鹿児島大学教授インタビュー

目次

Ⅲ部　事例編

スマート林業構築で熊本県人吉球磨地域の新たな林業を創出

熊本県・くま中央森林組合主任技師／**眞鍋豊宏**

燃料材も加えて８２４８万㎥となっています。国内木材生産量は２１６４万㎥で、木材自給率は36・６％と８年連続で上昇傾向にあります（林野庁、２０１９ａ）[※1]。

木材利用の主力は住宅建築資材です。しかし、新設住宅着工戸数の中長期的展望からは、２０１８年度の95万戸から、２０２５年度には73万戸、２０３０年度には63万戸と減少していく見込みとの予測もあります（野村総研、２０１９）[※2]。森林資源の充実は喜ばしいことですが、木材需要の維持、拡大があって始めて経済的な意味があるのです。新しい木材需要としては、低層階の公共建築物の木造化が取り組まれてきているほか、ＣＬＴ（Cross Laminated Timber）による木造の高層ビル建築に期待が高まっています。ＣＬＴは、ひき板（ラミナ）を並べた後、繊維方向が直交するように積層接着した木質系材料であり、カナダのバンクーバーではＣＬＴを使った18階建てビルが完成しています。国内でもＣＬＴを構造材として使った建築物が１３０棟以上建設され、普及の兆しがあります。特に中低層階の建築物へＣＬＴを部材として利用することで、相当量の木材需要が生まれることが期待されています。

さらに、スギ材は国際的に競争力を持った商品であり、主として九州からスギ、ヒノキの丸太がアジア各国へ数十万㎥が輸出されています。２０１５年のアジアの木材丸太輸入量は６０００万㎥規模であることから、もし、国内木材生産量のうち１０００万㎥を輸出すれば、相当大きなインパクトを持つこともできる潜在的な実力があるといえます。国内森林の年間成長量の60％を伐採生産すれば、５０００万m³の丸太が生産可能となることから、現在の国内向けの丸太供給を維持しつつも、輸出に１０００万m³程度を供給する余力は十分にあると考えられます。

国内林業を語る際に、木材価格の低迷を林業不振の原因とされることが多いのですが、木材は国際商品であることから、１m³が１００米ドル程度という相場価格が概ね決まっています。現在の為替レートの１米ドル１００円~１２０円の時代においては、スギの平均的な木材価格である１万２０００円／m³は国際相場価格であると言えます。最も木材価格が高かった１９８０年の為替レートは２２０円~２３０円だったのであり、木材価格が２万円台であったことと符合します。林業や木材産業は、木材価格が高かった時代の生産や流通の仕組みから脱却できていません。

スウェーデンの木材の生産性は40m³／人日とされており、わが国の間伐で５m³／人日、皆伐で８~10m³／人日と比較して格段の差があります。海外林業は地形条件が良く、大規模であることから生産性が高いという面はあるものの、最近10年間の生産性の向上は生産機械のハード面の改善と言うよりは、ＩＣＴ（情報通信技術）の活用によるところが大きいと言われています。つまり、ＩＣＴ林業あるいはスマート林業が展開されることによる高生産性の林業へと変わりつつあるのです。

ここでいう「スマート林業」という言葉は、まだ定義もなく広く定着しているとは言えませんが、「地理空間情報やＩＣＴ等の先端技術を駆使し、生産性や安全性の飛躍的な向上、需要に応じた高度な木材生産を可能とする林業」とされています[※3]（林野庁、２０１９ｂ）。同じ一次産業である農業に関しても、農機の自動運転に代表される「スマート農業」の展開が行われています。農林水産省はスマート農業を、「ロボット技術やＩＣＴなどの先端技術を活用したイノベーションにより「超省力」「快適作業」「精密・高品質」を実現する新時代の農業」であると定義しています[※4]（農林水産省、２０１３）。林業については、粟屋[※5]（２０１４）が「林業のスマート化」を技術革新を取り入れた機械化、スマート化と表現しています。いずれにせよ、スマート林業は「ＩＣＴなどの先端技術を活用した精密で、省力、さらに儲かる林業」であると考えて良いのではないでしょうか。

ソサエティ5・0と第四次産業革命

ソサエティ5・0（Society5.0）は、２０１６年1月22日に閣議決定された「第5期科学技術

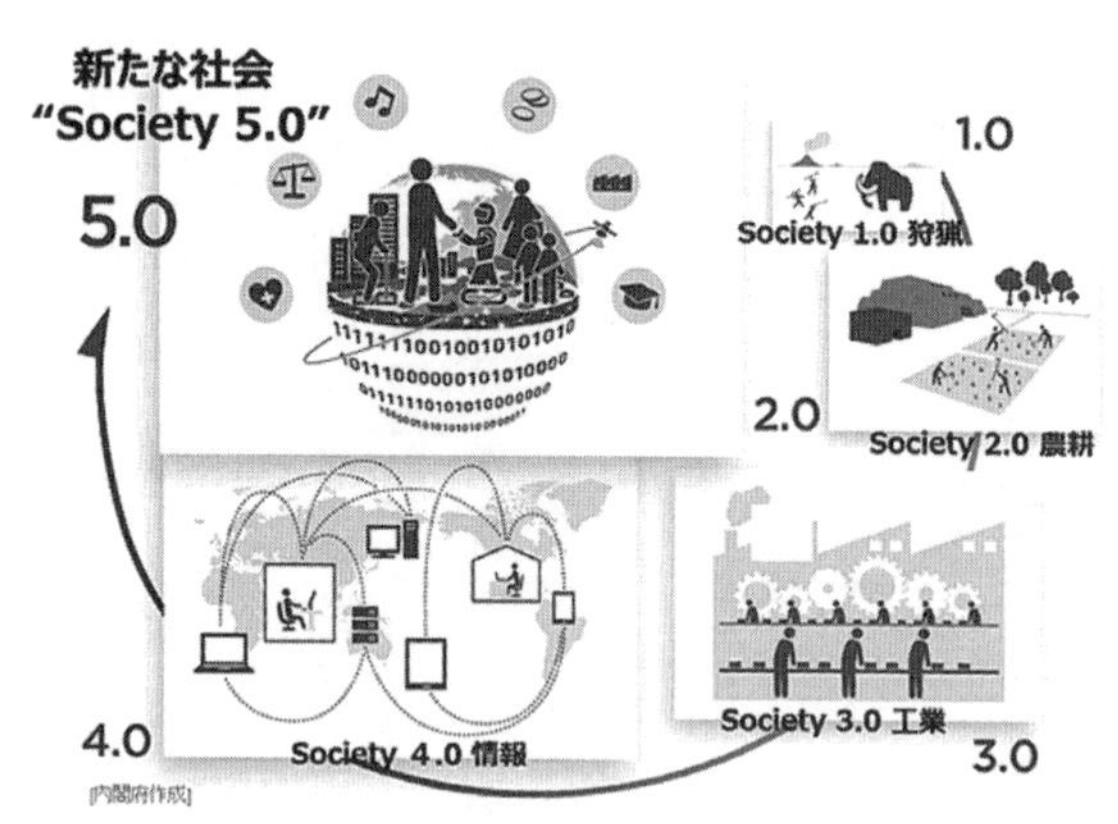

内閣府 HP https://www8.cao.go.jp/cstp/society5_0/index.html

図1 Society5.0への発展段階

基本計画」で新たな科学技術が牽引する次の時代の社会像として提唱された概念です[※6]（日立東大ラボ、２０１８）。狩猟社会（Society1.0）、農耕社会（Society2.0）、工業社会（Society3.0）、情報社会（Society4.0）に続く、新たな目指すべき未来社会の姿であるとされています。サイバー空間とフィジカル（現実）空間を高度に融合させたシステムにより、経済発展と社会的課題の解決を両立する、人間中心の社会（Society）です（図１）。

ＩｏＴ（Internet of Things：すべてのものがインターネットにつながること）、ロボット、人工知能（ＡＩ）、ビッグデータ等の先端技術をあらゆる産業や社会生活に取り入れ、格差なく、多様なニーズにきめ細かに対応したモノやサービスを提供することで、経済発展と社会的課題の解決を両立することを目指しています（内閣府ＨＰ）[※7]。狩猟社会から農耕社会、そして工業社会や情報社会への展開という単純な割り切り方には違和感があるものの、今後の日本の社会は大量の情報が結びつき、情報により新しい価値を生み出す社会を目指す方向性には同意できるところです。

同様に概念として第四次産業革命も唱えられています。歴史を振り返ると、19世紀の産業革命は蒸気機関を導入し工業化をもたらし、20世紀に入るとエネルギーの電力化や大量生産を実現した第二次産業革命が起こりました。20世紀後半には情報化、コンピュータ、自動化といった第三次産業革命が引き起こされました。そして21世紀に入り第四次産業革命が始まっています。第四次産業革命のキーワードは、ＩＣＴ（情報通信技術）、ＩｏＴ、ＡＩ、ビッグデータあるいはロボット化です。２０１１年にドイツで提唱されたインダストリー４・０は、単一製品の大量生産から個別の消費者ニーズをリアルタイムで工場へ伝え、それに応じた生産ラインの組み替えが自動に行われ、個別の生産を低コストで実現するカスタムメードを大量生産（マス・カスタマイゼーション）する時代を目指すもの（日経ビジネス、２０１５）[※8]とされています。

大量生産、大量消費、大量廃棄という20世紀発展モデルの基本原則がようやく変わってきています。新しい時代では大量の情報を活用して、個別の生産を低コストで実現するマス・カスタマイゼーションを目指すようになり、そこでは「情報」が大きな役割を果たしていくことになります。これは単に情報が紙媒体から電子化されると言うだけでなく、膨大な量の情報を収集、蓄積、分析することで新しい価値を見つけ出す時代になると考えられています。林業や木材産業においても、同様の変化が起こってくるはずです。

ICT環境の変化

ICTとは情報通信技術であり、Information and Communication Technologyを略したものです。情報技術であるITに通信（情報流通）が加わったものですが、近年ではビッグデータ、ソーシャルメディア、M2MやIoTなどのセンサーネットワークなどと融合したスマート化したICTは、業務改善・生産性向上が中心だった従来のICTシステムの枠を大きく超え、新たな成長の原動力を生むと期待されています[※9]（総務省、2013）。

従来の森林・林業界における情報技術としてはリモートセンシングやGNSS、GISとデータベースの利用が中心でした。そこにCommunicationが加わってデータのクラウド利用によるWebGISが動き始め、画像を含む情報の相互利用が進みました。高速通信網（LTEや次世代の5G）を利用したスマートフォンやタブレットPCの普及により、ICT利用の環境が整ってきています。スマートフォンは単なる電話の延長線ではなく、正確な時刻、測位、画像を記録し、様々なセンサ類と接続可能な通信機能を持ったコンピュータです。

また、特に森林資源に関するデータ収集能力の飛躍的な向上も重要な変化です。Lider（Light Detection and Ranging）というレーザ光線による計測技術の進歩は、広大な森林の詳細な資源量計測を可能としています。航空機やUAV（ドローン）に搭載されたレーザスキャナによる航空レーザ計測は、詳細な地盤高データだけでなく立木本数や樹高を単木レベルで計測することを可能としています。地上設置型のレーザスキャナによる地上レーザ計測では、地形だけでなく立木の位置、上部を含む樹幹の直径サイズ、形状を正確に計測することが可能です。「森林は広くて、樹木の本数は非常に多く、動かすことができない。しかも木材は安い商品である」という宿命から、森林の資源量調査はサンプリング調査が行われてきました。国家的資源調査のような規模は別として、事業対象の数千ヘクタールの森林が対象であれば、サンプリング調査ではなく全数調査が実施可能となってきました。さらに、UAVの普及により、森林の現況画像を得ることが容易になってきました。風倒や地滑り等による被害状況だけでなく、伐採などの森林施業の進行を確認できるなど、映像による低コストでの情報収集が可能となっていま

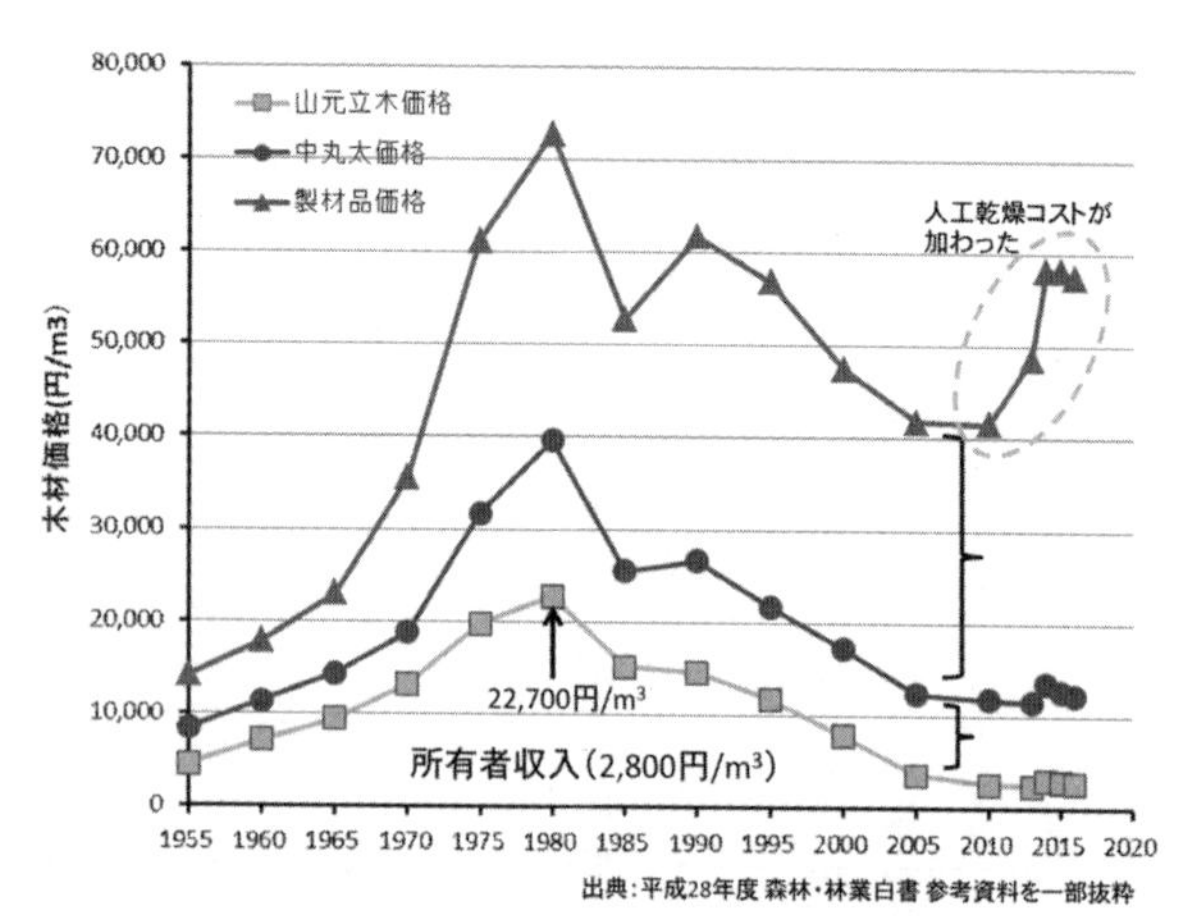

図2 スギの立木価格、丸太価格、製材品価格の推移

す。

林業の環境

まず林業の製品である木材の価格についてです。図2はスギの立木、丸太、製材品の価格の推移を表したものです。製材品価格が2010年頃から急激に上昇しているのは、人工乾燥コストが上乗せされたためです。立木価格とは森林所有者の収入部分のことです。丸太価格は製材企業など木材加工業へ素材生産業が販売する価格のことです。製材品価格は木材加工業が、住宅産業などへ販売する価格のことです。丸太は国際商品であるため、1㎥当たりの一般材の価格は約100米ドルが相場となっています。

また、製材品も輸入品との価格競争下にあるため、国産製材品の価格が特別に高くなるということもありません。

ここで、製材品価格と丸太価格との差が製材加工のコストとなり、丸太価格と立木価格との差が素材生産コストとなります。人工乾燥コストによる上昇を除くと、為替変動による製材品価格の減少により、丸太価格、立木価格共に減少しています。しかし、ここで注目していただきたいのは、製材加工コストと素材生産コストはほぼ一定の幅を確保してきているということです。大きく減少したのは森林所有者の手取り部分となる立木価格です。

スギの立木価格の全国平均は２８００円／㎥程度であり、森林所有者の収入が大きく減少しています。その結果、森林所有者の多くが森林を資産として期待しないようになってきており、所有境界確定が行えない、森林の相続手続きが行われない、再造林を行わないといった悪循環が大きな課題となってきています。現在、多くの対応策が講じられてきてはいますが、これらの課題の解決には森林所有者が森林を資産として考えるようになること、つまり、立木価格を上げることが必要となります（図２）。

次に、林業の労働安全性についてです。図３に労働災害の指標である死傷年千人率の推移を、林業、鉱業および建設業で比較してみました。残念ながら、現時点で林業は全産業中、最も労災発生率の高い産業となっています。かつて一番労災発生率の高かった鉱業に代わって昭和末

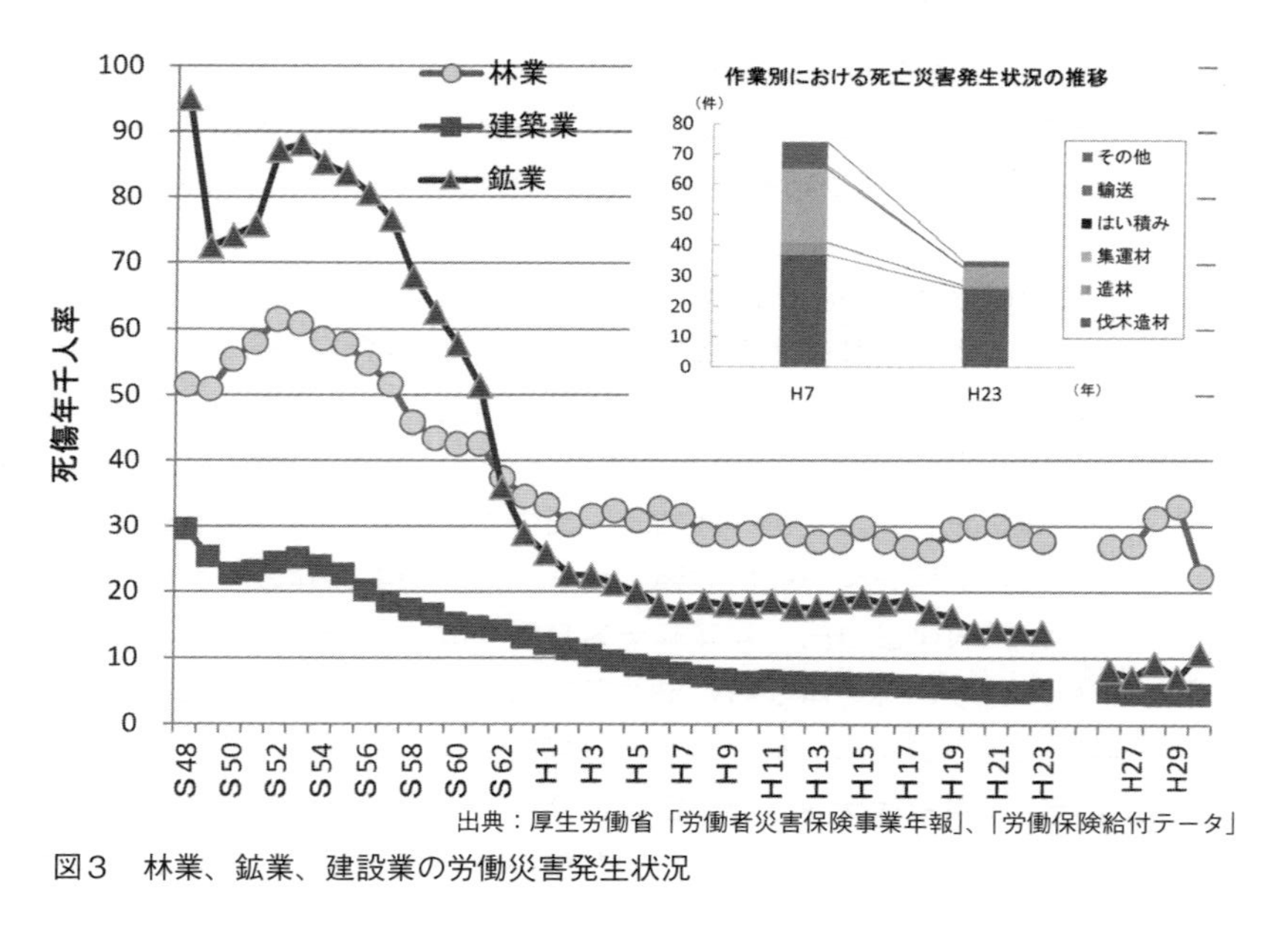

出典：厚生労働省「労働者災害保険事業年報」、「労働保険給付データ」

図３　林業、鉱業、建設業の労働災害発生状況

期から林業が最も危険な産業となっており、平成の間、労災発生千人率は一番高い状態で横ばいでした。このような高い労災発生率を、産業の持つ宿命として受け入れるのか、なぜ労働災害発生率が減少しないのか産業としての重要な課題です。1995年から2011年の間の林業分野での労働災害発生の内訳を見ると、集材等は大きく減少していますが、伐木造材での発生がそれほど減少していないことが分かります。このことはこの間の労災発生率の横ばい現象は、伐木造材作業、すなわちチェーンソー使用による作業に起因していることを示唆しています。

鉱業分野での労災発生率が昭和から平成にかけて大きく減少していった理由を知ることは、林業での労災発生を減らす上でも大きく参考になるでしょう。昭和期における国内鉱業の主力は石炭生産でした。地下深くで採炭される作業現場は過酷で、危険性も高かったのですが、海外からの石炭との競合により、国内での石炭生産はなくなっていきました。現在の国内での鉱業の多くは地上での石灰岩採掘となっており、大型機械による生産が行われています。労働災害発生が大きく減少した鉱業での事例は、生産対象や生産システムが変わることにより、労働災害の発生を低下させることができることを示唆しています。

スウェーデンの木材生産性の推移

林業先進国の1つであるスウェーデンの木材生産性は40㎥／人日であるといわれています。このような30～40㎥／人日の木材生産性は、オーストリア、ドイツ、カナダ、ニュージーランドなど林業先進国では当たり前の数字となっています。一方、日本の木材生産性は皆伐で8～10㎥／人日、間伐では5㎥／人日程度です。丸太の価格が国際取引価格でありほぼ変わらないとすると、木材生産性は生産コストに最も影響する要因です。今後主伐が多く行われていくとしても、日本林業は木材生産性を3倍ないし4倍にしていかねばなりません。

スウェーデンをはじめとするヨーロッパの国々は、森林の地形が平坦で大型の機械化が容易であるために、このような高い木材生産性が達成できていると言われています。確かに平坦な地形が多いことは否定できませんが、森林として残されている土地は岩石地であるなど、農地に転換されていない不利な条件であることも少なくありません。

2001年にスウェーデンのウプサラ市にあるスウェーデン農科大学（SLU）を訪問する機会がありました。滞在期間中に、林業工学の教授（P-O Nilsson先生）の退官記念講演を聞くことができました。その中で印象に残っているのは、「No man on the ground, no timber on the hand（人が地面を歩かない、丸太を持たない林業を作る）」という言葉でした。人口が

1000万人足らずのスウェーデンでは、人間（労働力）が一番貴重な資源です。「そのために産官学一丸となって林業の機械化を進めてきた」というのが先生の研究成果であったとのことでした。地形が平坦だからというだけで高い木材生産性となっているのであれば、近年も木材生産性が上がり続けていることを説明できません。やはり、林業の採算性の向上のためにたゆまぬ努力を継続してきた結果が、高い木材生産性を実現できている理由だと思われます。

図4は、スウェーデン農科大学のSten Gellerstedt博士グループが2001年当時に行っていたロボット林業研究プロジェクトのポスターです。一人のオペレータが、複数の林業ロボットを操作して生産していく仕組みを構想していました。その当時の研究内容は、レーザセンシングによる林内の障害物の検出でしたが、今ではそれらの技術は実用レベルとなってきています。ロボット林業はスウェーデンでもまだ実現していませんが、将来の産業の姿を夢見ることはとても大切なことだと感じました。日本林業は、地形の険しさを嘆くのではなく、新しい発想に基づく生産システムの開発を続け、林業先進国並みの木材生産性を実現できるようにしなければなりません。全産業における労働力の不足、労働災害発生の異常な高さ、木材生産性の低さといった日本林業の課題を解決するためには、生産工程の無人化を目指した革新的な林業生産システムの開発しかないように思われます。

図4　スウェーデン農科大学Sten Gellerstedt博士グループのロボット林業構想

ＩＣＴ技術の林業への適用

航空レーザ計測

航空計測としては、従来からの航空写真撮影画像からの計測、いわゆる空中写真測量がありま す。最近は航空写真もデジタル化され、標高計測やオルソ化が容易になってきています。航空写真は、１９４８年からの全国の撮影データがアーカイブとして蓄積されており、時系列での変化を確認することができます。生育に数十年を必要とする森林の経営には、過去の状況を正確に知ることが大切であり、航空写真は今後も重要な情報源であり続けるでしょう。

近年の航空計測の大きな変化は、航空機からのレーザ計測技術が実用化されたことで、全国での計測が進められています。航空機あるいはヘリコプタに搭載したレーザ測距装置により、照射されたレーザが反射した地上物体のＸＹ座標と標高を計測することを航空レーザ計測と呼んでいます。航空レーザ計測のシステムはレーザ測距装置、ＧＮＳＳ、ＩＭＵ（Inertial Measure-ment Unit）の３つの装置で構成されています。これらの装置が揃うことで、どこか

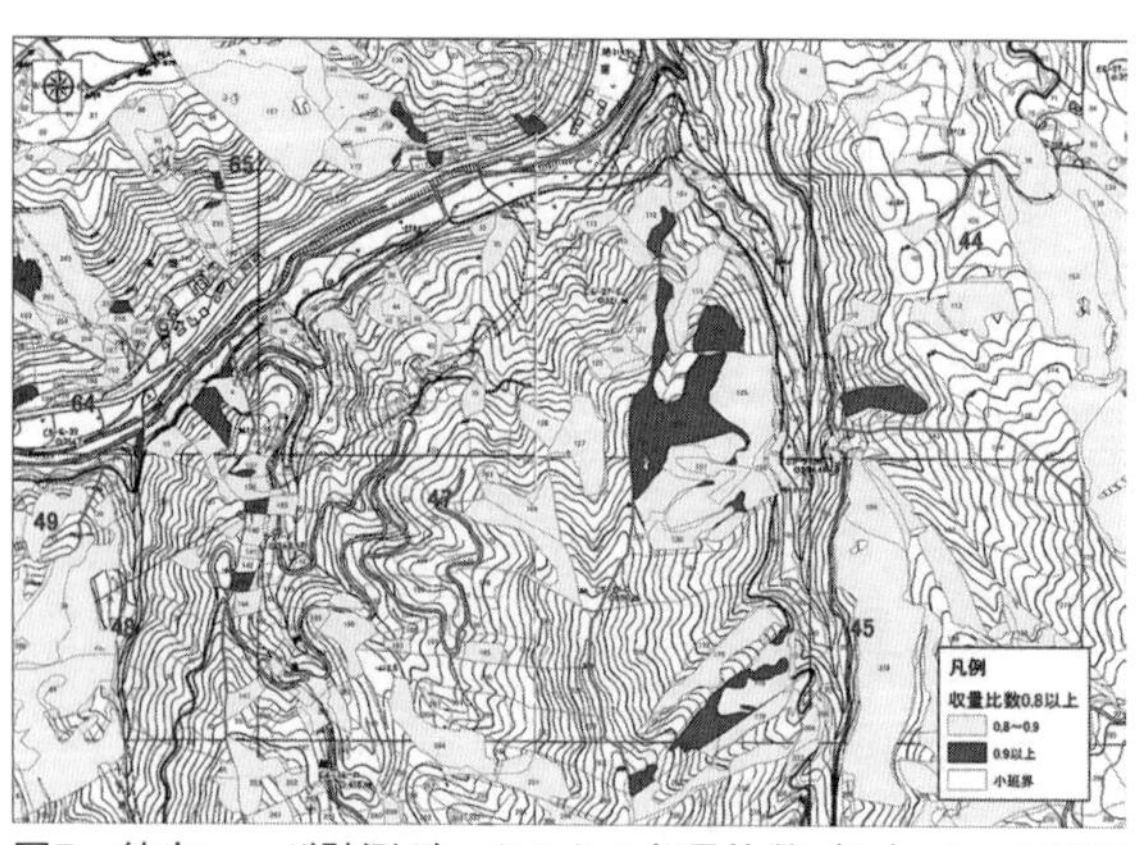

図5　航空レーザ計測データからの収量比数（*Ry*）による要間伐森林の特定（アジア航測株式会社提供）

らどの方向にレーザを照射したかを記録しつつ、地上物体からの反射により距離を測ることができ、地上の３次元情報を取得することができるようになります。樹冠表層面から反射した３次元情報をＤＣＳＭ（Digital Canopy Surface Model）、地盤面から反射した３次元情報をＤＥＭ（Digital Elevation Model）、これらの差分から得られる樹冠高データをＤＣＨＭ（Digital Canopy Height Model）と呼んでいます[※10]（大野、２０１６）。また、航空機にはデジタルカメラも搭載することが一般的で、レーザ計測データだけでなく、空中写真データも併せて取得できます。

航空レーザ計測で取得したＤＥＭを用いて、森林基本図のベースとなる詳細な等高線図が作成できます。レーザ計測は地上物からの反射情報を基

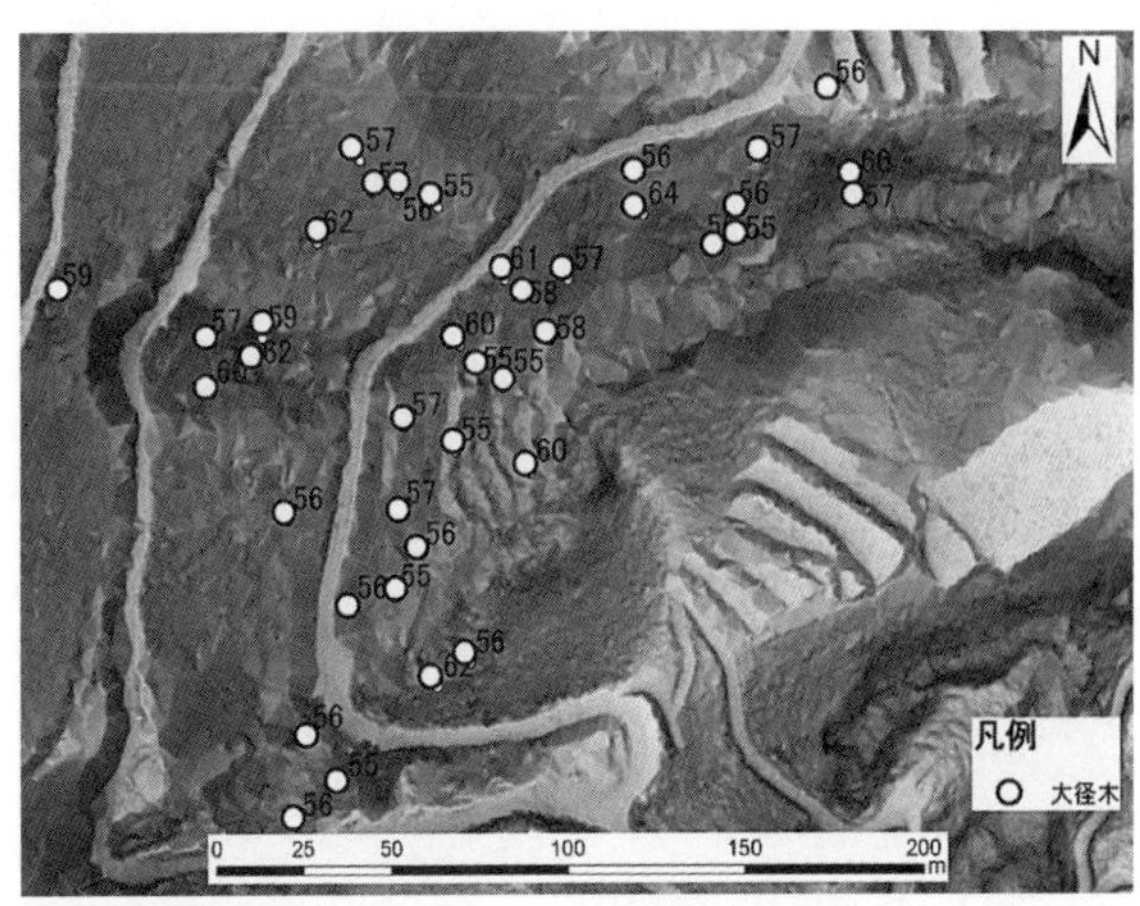

図6　詳細地形図と予測されたスギ大径木の分布

に作成する直接計測であるのに対して、従来の空中写真から作成される等高線図は、技術者の判読により植生に覆われた地盤を推定する間接計測であるという点で両者は大きく異なり、レーザ計測による等高線図の方がより精緻な地図を作ることができるのです。また、4点／㎡以上のレーザ照射密度があれば、立木密度、単木の樹冠直径や樹高の計測が可能です。また、立木密度と樹高の情報から間伐の指標である収量比数（*Ry*）の判定が可能となっています（図5）。

航空レーザ計測データを森林経営に適用した事例としては、国土交通省平成27年度G空間社会実証プロジェクト事業により「ＩＣＴとG空間情報による効率的な公共建築物用材搬出プロセス構築事業」があります[※11]（国土交通省国土政策局国土情

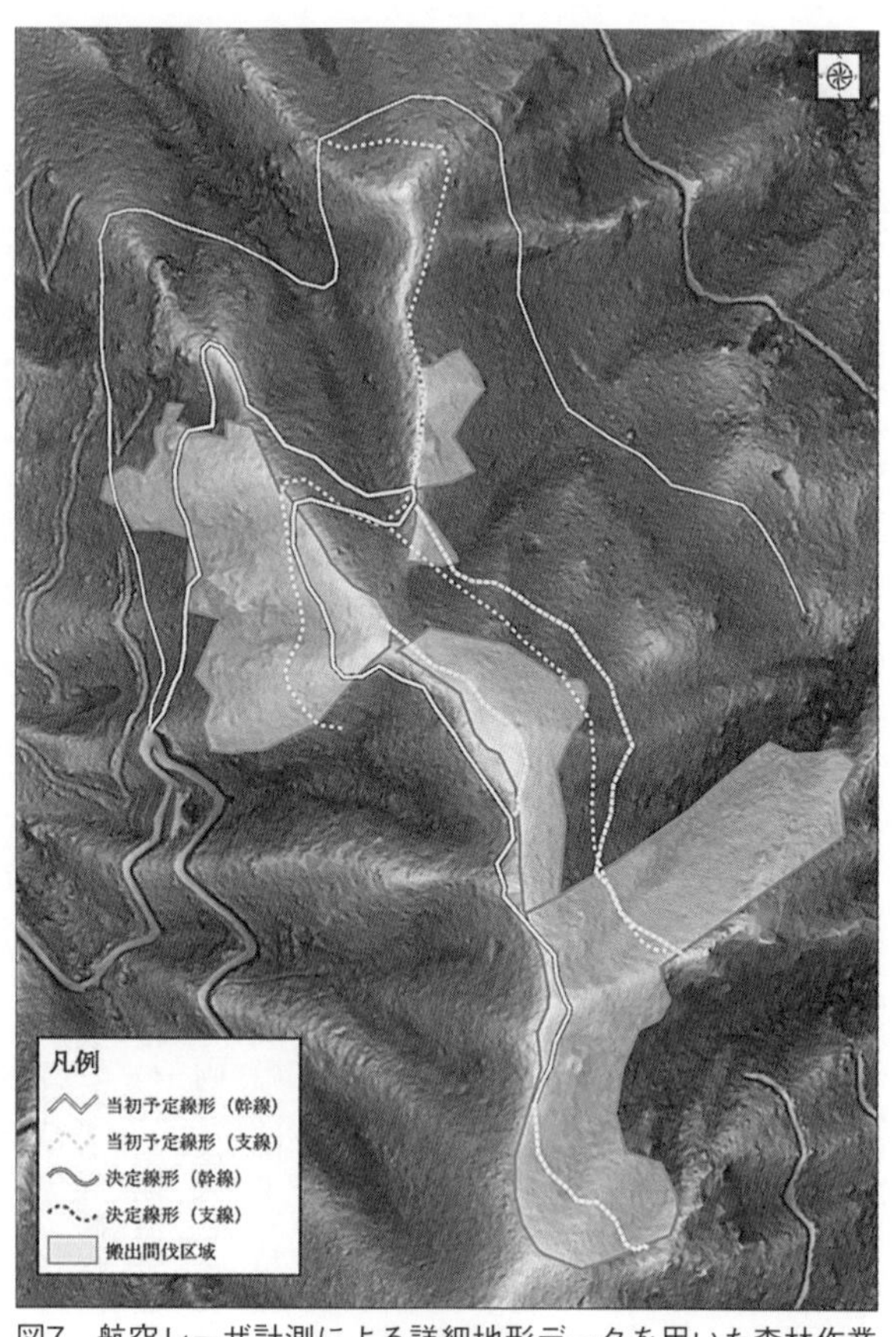

図7　航空レーザ計測による詳細地形データを用いた森林作業路路網ルートの選定（アジア航測株式会社提供）

報課、２０１６）。航空レーザ計測データと準天頂衛星測位データを活用して、公共建築物等に利用する長尺や大径材などの特注木材を林内から抽出し、伐採から搬出までの効率化、低コスト化となる森林資源活用プロセスを実証するものでした。神社・仏閣建築のための大径材の注文があった場合、従来は原木市場などが素材生産現場へ問い合わせを繰り返し、必要となるサイズの丸太を見つけ出す努力をします。実証試験の結果、航空レーザ計測データから推定した胸高直径の誤差は５㎝程度でした。また、通常の木材生産・流通では発見が困難な胸高直径50㎝を超える大径材が、対象森林内のどこにあるのか判定できたことから、航空レーザ計測データの有用性が明らかとなりました（図６）。

航空レーザ計測データにより得られる詳細な地形データや林分情報は、森林所有者への現況報告の際に、施業集約化のための説明ツールとして大変有効であることも確認されています。さらに、高精度の地形情報は森林作業路のルートの選定に活用され、設計や現地での測量の労力が大幅に削減されることも分かりました（図７）。

地上レーザ計測

地上レーザ計測技術は、地上設置あるいは可搬型のレーザスキャナで取得した３次元点群

図8　可搬型地上レーザ計測システム
（株式会社 woodinfo 提供）

データを利用して詳細な森林情報を得る技術です。地上レーザスキャナで取得した森林の点群データにより、対象林分内の地形、および全木の位置、物理形状等の情報化を行うことが可能となっています。レーザ照射密度が航空レーザ計測よりも格段に多く、樹幹のサイズだけでなく、樹幹の形状や立木位置を正確に計測することが可能です。樹幹のサイズと上部直径を含む樹幹形状を計測できることから、曲がりを含む丸太の生産予測まで行う事例もあります。

可搬型のレーザ計測システムは、レーザ計測しながら森林内を歩くことで高精度の森林情報を得ることができます。地形や下層植生の状況にもよりますが、1ha当たり20分程度で計測を行うことが可能です（図8）。

図9 ドローン撮影画像による風倒木被害の査定（鹿児島県森林組合連合会 坂元成康氏提供）

ＵＡＶ撮影画像

近年、ＵＡＶ（無人飛行体）、いわゆるドローンによる上空からの林分状況の撮影が容易になりました。従来は航空写真でなければ見ることができなかった森林の光景を、数十万円で購入可能なＵＡＶで撮影することが可能となったのです。必要なときに、必要な場所の写真を撮影することができます。例えば、台風後の風倒木被害状況を把握するために利用されています（坂元ら、２０１７）[※12]。風倒木被害を森林保険に申請する際には、被害地のコンパス測量を行う必要がありましたが、風倒被害地は容易に立ち入ることが困難でした。このような状況に鑑み、ＵＡＶ画像による被害状況報告が認められるように変わりつつあります（図9）。

UAVの撮影画像に限った話ではありませんが、多数の撮影画像データからSLAMという技術を使って3次元の点群データにモデリングをすることが可能となっています。UAVから撮影した上空からの林分画像に適用すれば、樹木や地形の標高モデルを作ることができます。航空レーザ計測を行うためには高額のコストが必要となりますが、UAVであれば施業の前後など必要なときに画像を得ることが可能です。地盤高が正確に分かる地上参照地点（GCP）があれば、施業前後の林分状況を3次元で評価することもできるようになっています。

森林GISのクラウド化（Web GIS）

地理空間情報活用推進基本計画[※13]（内閣官房、2017）における重点的に取り組むべき施策（シンボルプロジェクト）の1つとして、「地理空間情報とICTを活用した林業の成長産業化の促進」が挙げられています。森林GIS情報を、都道府県・市町村・林業事業体等でクラウドなどのICTを活用して共有することにより、効率的な森林施業の集約化を推進することとなっています。2013年度から林野庁が取り組んできた森林情報高度利活用技術開発事業は、森林クラウドの標準化と実証開発を目的としており、都道府県が整備した森林GISのクラウドサービスを展開し、行政と現場の効率的な連携による信頼性の高い森林管理を実現するための情報共有基盤の提供を図るものです。

森林情報のクラウド化とは、関係機関で森林に関する情報を共有する必要性、システム・データを整備・管理することの予算・人員の不足、森林の活用に向けて高い精度と鮮度をもつ森林情報提供への要求の高まり等を背景としており、クラウド技術で情報共有基盤と情報が整備されつつあります。

スマートフォンの普及はＩＣＴ林業を進める上で大変重要なポイントです。スマートフォンは電話ではなく、インターネットに接続されたコンピュータ端末です。利用者は任意の現場からテキスト情報に加え、時刻情報、衛星測位（ＧＮＳＳ）による位置情報、カメラによる映像情報、方位角や傾斜角といった各種センサ情報をインターネット経由で送受信することができます。携帯電話の電波が届く範囲であれば、スマートフォンやタブレットで森林クラウドを閲覧し、情報の送受信を行えるようになっています[※14]（寺岡、２０１６）。伐採届の提出がオンサイトで行える、あるいは斜面や路網の異常に関する情報を画像と共にクラウドで共有することができるようになると期待されています。

G空間情報の活用

G空間情報とは地理空間情報と同義です。どこが、いつ、どのような状態になっているかという情報をG空間情報と呼んでいます。「空間上の特定の地点又は区域の位置を示す情報（当該情報に係る時点に関する情報を含む）」または位置情報及び「位置情報に関連づけられた情報」からなる情報のことです（社会基盤情報流通推進協議会、２０１６）。[※15]

Google Map の航空写真は世界中の町や道路、建物がどこにあるのか見せてくれます。また付属するストリートビューは、地球上の多くの場所を歩いているかのように見ることができます。個人情報が特定できないように車のナンバープレートや表札などは見えなくしてあるものの、少なくとも日本中の町や通りがどうなっているかネット上で知ることが可能です。どこに住んでいるのか他人に知られたくない人は少なくありませんが、宅配事業者には居住地の住所情報を提供せざるを得ません。住所や地番だけでは意味はありませんが、誰が住んでいるという個人情報が加わるとサービスやビジネスの対象となってきます。個人情報は守られつつも、G空間情報の活用により社会がより便利になることが期待されています。

G空間情報活用の取り組みが本格化したのは、日本の衛星測位システムである準天頂衛星システム（ＱＺＳＳ）が２０１７年度に４機体制となり、日本上空で24時間測位可能となったためです。ＱＺＳＳは米国のＧＰＳを補い、より高精度で安定した衛星測位サービスを実現するもので、１ｍ以内のサブメータ級や数㎝での測位を可能とするセンチメータ級の測位補強サービスを提供します。さらに、災害・危機管理通報サービスである災危通報の仕組みも備えており、様々な社会・産業分野での活用が期待されています。ＱＺＳＳにより、日本国土で準天頂からの測位信号を受信可能となり、ＧＰＳのみの測位に比べて測位精度が高まります。特に都市部でのビルの谷間あるいは尾根、谷の地形や樹木による電波の遮断の影響を受けやすい山間部での測位精度向上が期待されています。

正確な測位情報は、自動車や農業機械の自動運転、災害発生時の避難誘導情報、観光スポットへの誘導等で実用化が進められています。また、近い将来に実現するであろうドローンの自律運転による宅配や輸送の必須情報として利用されるでしょう。近年の日本は、２０１１年の東日本大震災や２０１６年の熊本震災などの大きな災害では、地形が大きく改編される事象が発生しており、被害からの速やかな復興のためにもＧ空間情報の重要性が認識されています。

林業機械からの生産情報：バリューバッキング（最適造材支援）

林業機械の稼働時にセンサから得られる生産情報の活用について触れてみます。林業の収益

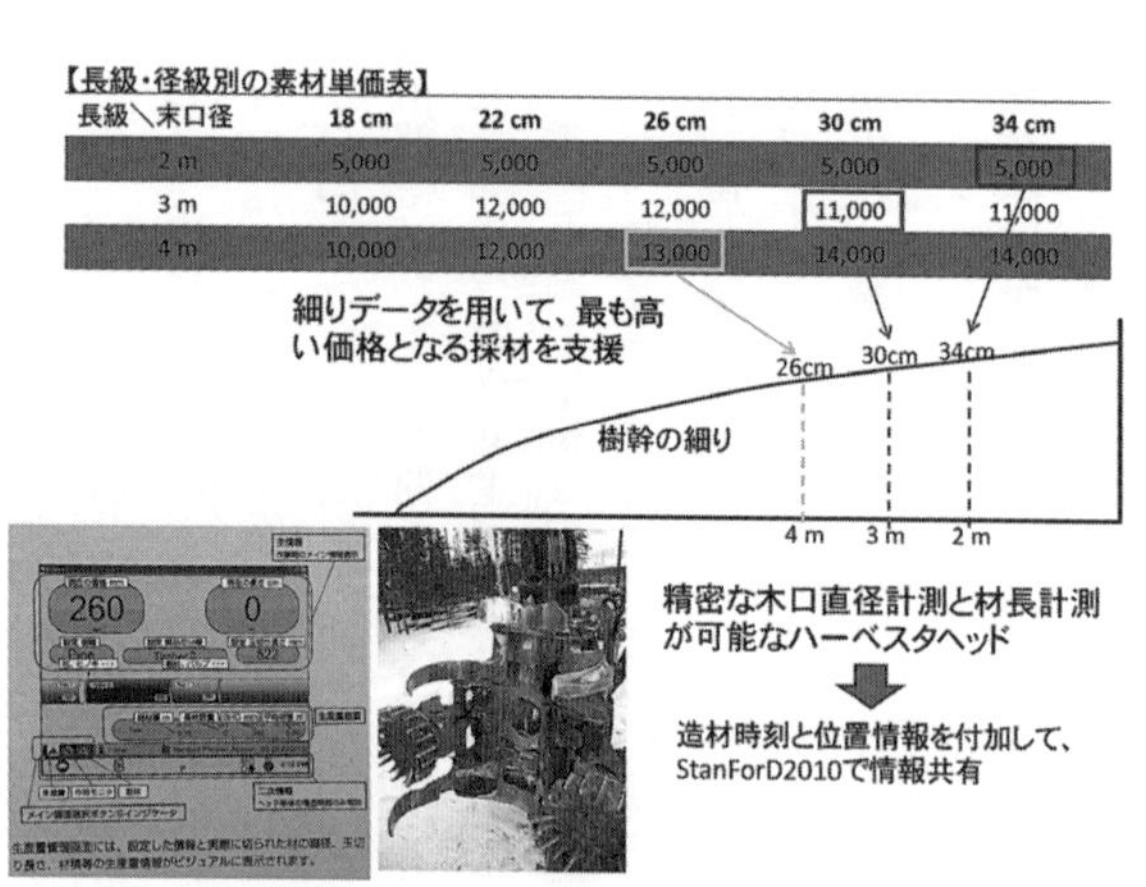
【長級・径級別の素材単価表】

長級＼末口径	18 cm	22 cm	26 cm	30 cm	34 cm
2 m	5,000	5,000	5,000	5,000	5,000
3 m	10,000	12,000	12,000	11,000	11,000
4 m	10,000	12,000	13,000	14,000	14,000

図10　ハーベスタによるバリューバッキング（最適造材支援）の仕組み

性を高めるためには、生産した木材をできるだけ高く売る仕組みを作ることが大切です。一本の伐倒木をどのような長さや径級の丸太という商品にするのかによって、丸太の価格は変わってきます。多くの素材生産は、この径級なら３ｍあるいは４ｍに採材する方が売れるはず、という見込み生産を行っており、原木市場で必ずしも高く売れるとは限らない生産方式です。それなりの規模の素材生産事業をしている事業体は、１本の伐倒木から生産される丸太に応じた様々な販売先を確保しているように思われます。Ａ材を必要とする製材工場には３ｍの柱適寸を、合板用のＢ材は４ｍに採材し、小径木もフローリング材や小丸太用などに販売をしています。最近ではバイオマス燃料材としても販売が可能となっており、多様な需要への対応が可能となってきています。このような販売先を確保した上での素材生産は、需要からの注文情報を受けたものであり、ディマンドプル（demand pull）型の生産と呼ばれています。木材需要者が、いつまでに、何を、どれだけ必要としているか、という需要に合わせて生産することで、木材需要者の調達や在庫のコストを減らすことが可能であり、工場操業の安定化に大きく寄与することができると考えられます。それにより需要者側が省けるはずのコストを木材価格に上乗せしてもらうことは、決して無理な要求ではないと思われます（寺岡、２０１６）。

丸太の採材方法により一本の伐倒木から最も売り上げを高くするためのバリューバッキング（最適採材支援システム）が行えるようになっています。ハーベスタは根元をつかんで伐倒し、2～3ｍ程度送材すると細りデータから上部直径を予測できます。この樹幹は、３ｍで何㎝の末口直径になるか、４ｍであれば何㎝になるか予測し、どのような採材が最も高く販売できる丸太をつくるのか予測する仕組みです。欧米のハーベスタは、いつ、どこで、どのような丸太を生産したのか正確に記録するために、丸太の長さや直径を正確に計測することができるようになっています（図10）。

木材サプライチェーンマネジメント

丸太の安定供給体制を構築するために、森林資源―木材生産―流通―木材需要を「見える化」する仕組みづくりが必要となっています。日本の林業界の多くでは、木材価格が高かった時代から生産や流通の仕組みが変化していません。木材サプライチェーンマネージメント（SCM）構築のために、木材需要と林業生産をICTでつなぐことが可能です。木材SCMシステムの構築とは単なる流通改革やシステムの導入ではなくて、森林から木材需要までのプレーヤーの人間的信頼関係を含めたつながりを「見える化」することでもあります。情報の発信者である製材企業は、プレカット等からの製材品の注文に必要となる丸太のサイズと本数を見積もります。製材企業からは、伐採現場の作業員のスマートフォンに必要となる丸太のサイズと本数がメール等で送信され、例えば「スギの４ｍ材24～28㎝が１００本必要である」といった詳細な需要情報が専用のホームページ上などで確認できます。伐採現場の作業責任者は、現在の現場状況から判断して24～28㎝の４ｍ材が50本生産可能で、いつ納品できるか即座に返信がされるという仕組みです。複数の伐採現場から納入意思の連絡を受けた製材企業は、必要となる丸太がいつまでに納入されるか短時間で確定することができます。このような短時間での取引情報の交換により、製材企業は原木市場に足を運ぶことなく丸太を確保でき、その後の製造計画を確定することができます。このような木材加工が必要とする丸太の需要情報が、適切な管理により運営されるクラウドで共有・発信されます。需要情報を受け取った素材生産者が生産可能数量と納入時期を発信し、売買がマッチングされるシステムが作られてゆくのです（図11）。

丸太の生産情報の起点は、ハーベスタの生産情報です。生産される丸太の位置やサイズ、形状、数量に関する情報は、集材作業を行うフォワーダや作業依頼者や製材工場と共有されています。このような技術は、リアルタイムで生産から流通までのデータを共有する仕組みの構築につながることになります。そのためStanForD2010という通信規格が定められており、異なるメーカーの機械間でも情報共有ができるようになっています。

欧州をはじめとする海外の林業とわが国の林業の大きな違いは、情報共有（見える化）の必要性への認識です。ＩＣＴは情報共有に必須の技術であり、位置と時刻を含んだ地理空間情報は、何がいつどこにどれだけあるのかというサプライチェーンのための根幹情報となります。

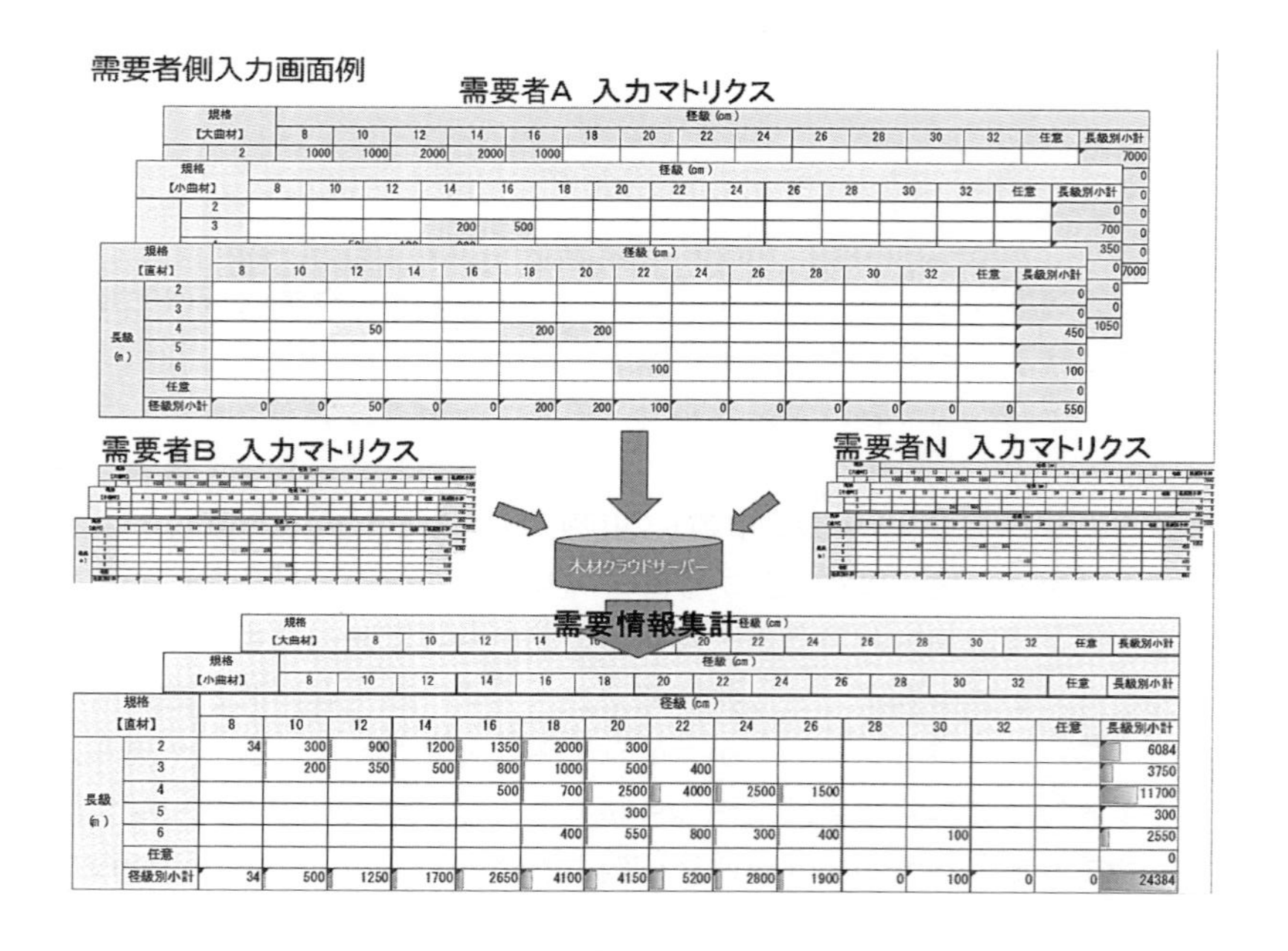

需要者A　入力マトリクス

規格【大曲材】	8	10	12	14	16	18	20	22	24	26	28	30	32	任意	長級別小計
2	1000	1000	2000	2000	1000										7000

規格【小曲材】	8	10	12	14	16	18	20	22	24	26	28	30	32	任意	長級別小計
2															0
3				200	500										700

規格【直材】	長級(m)	8	10	12	14	16	18	20	22	24	26	28	30	32	任意	長級別小計
長級(m)	2															0
	3															0
	4			50			200	200								450
	5															0
	6								100							100
	任意															0
	径級別小計	0	0	50	0	0	200	200	100	0	0	0	0	0	0	550

需要情報集計

規格【直材】	長級(m)	8	10	12	14	16	18	20	22	24	26	28	30	32	任意	長級別小計
長級(m)	2	34	300	900	1200	1350	2000	300								6084
	3		200	350	500	800	1000	500	400							3750
	4					500	700	2500	4000	2500	1500					11700
	5							300								300
	6						400	550	800	300	400		100			2550
	任意															0
	径級別小計	34	500	1250	1700	2650	4100	4150	5200	2800	1900	0	100	0	0	24384

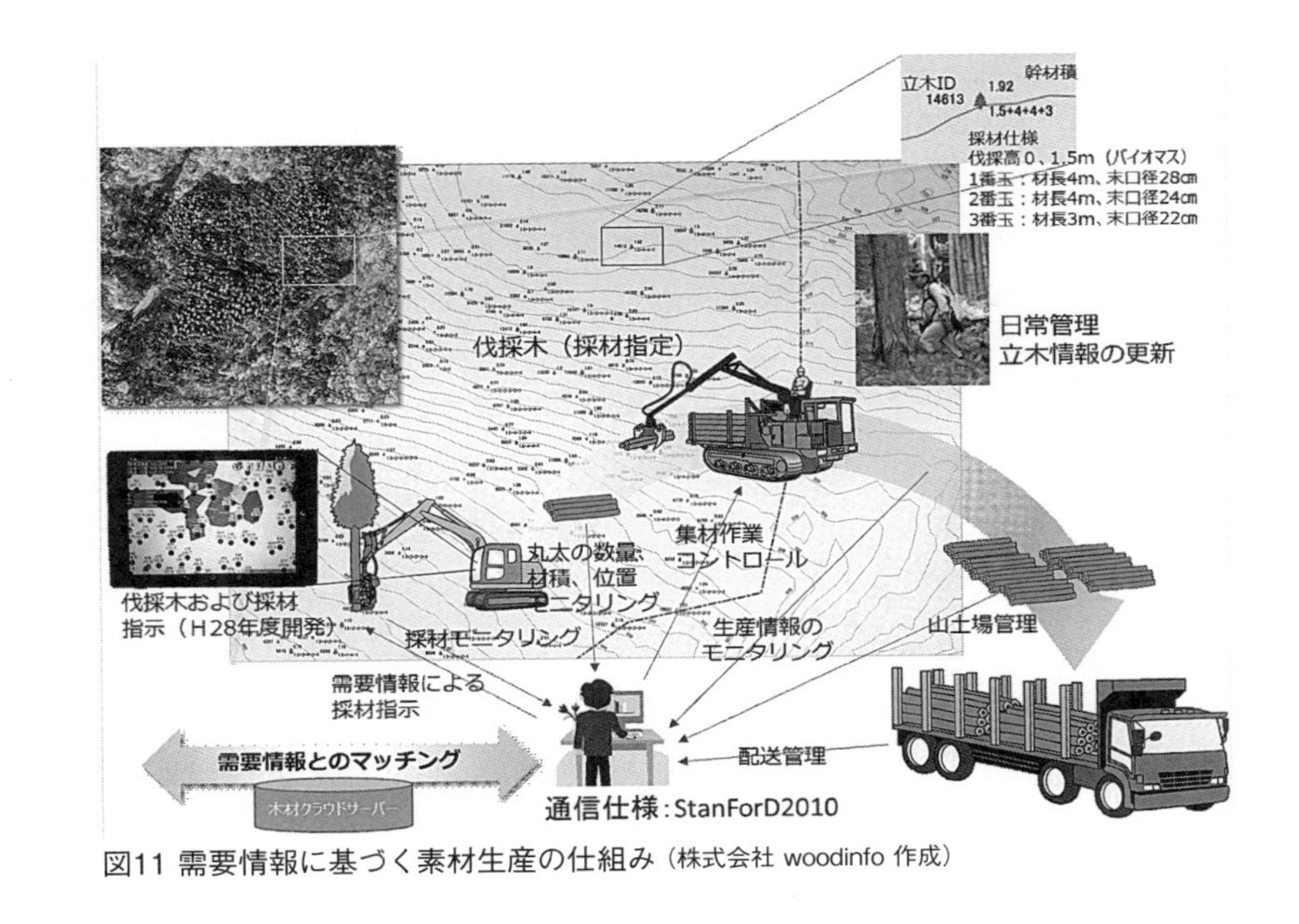

図11 需要情報に基づく素材生産の仕組み（株式会社 woodinfo 作成）

次世代の林業の姿

生産目標に見合った生産コスト

林業が公共事業ではなく生業である以上、自立した林業の姿は、主伐収入＋間伐収入が造育林コストと伐採コストの合計よりも高くなければならないのです。丸太価格が上がらない条件下では、生産と育林のコストを下げるしかありません。また、造林補助金等の標準単価よりも低コストな造林作業を選択する動機付けが乏しいことも問題であり、柔軟な造林補助金制度が必要でしょう。

育林コストを考える上での事例として、ドイツ南部シュバルツバルト地域でのモミの枝打ち作業を取り上げてみます。シュバルツバルドの主要樹種はトウヒですが、モミも多くあります。製材工場に納入されていたモミの丸太は、直径が60㎝もある大径材でした。図12の下の写真で分かるように、40年前に枝打ちが行われ、その後の成長した部分は無節となっています。柾目に製材すると無節の板材を採ることができます。ドイツの先生の説明では、モミの枝打ちコス

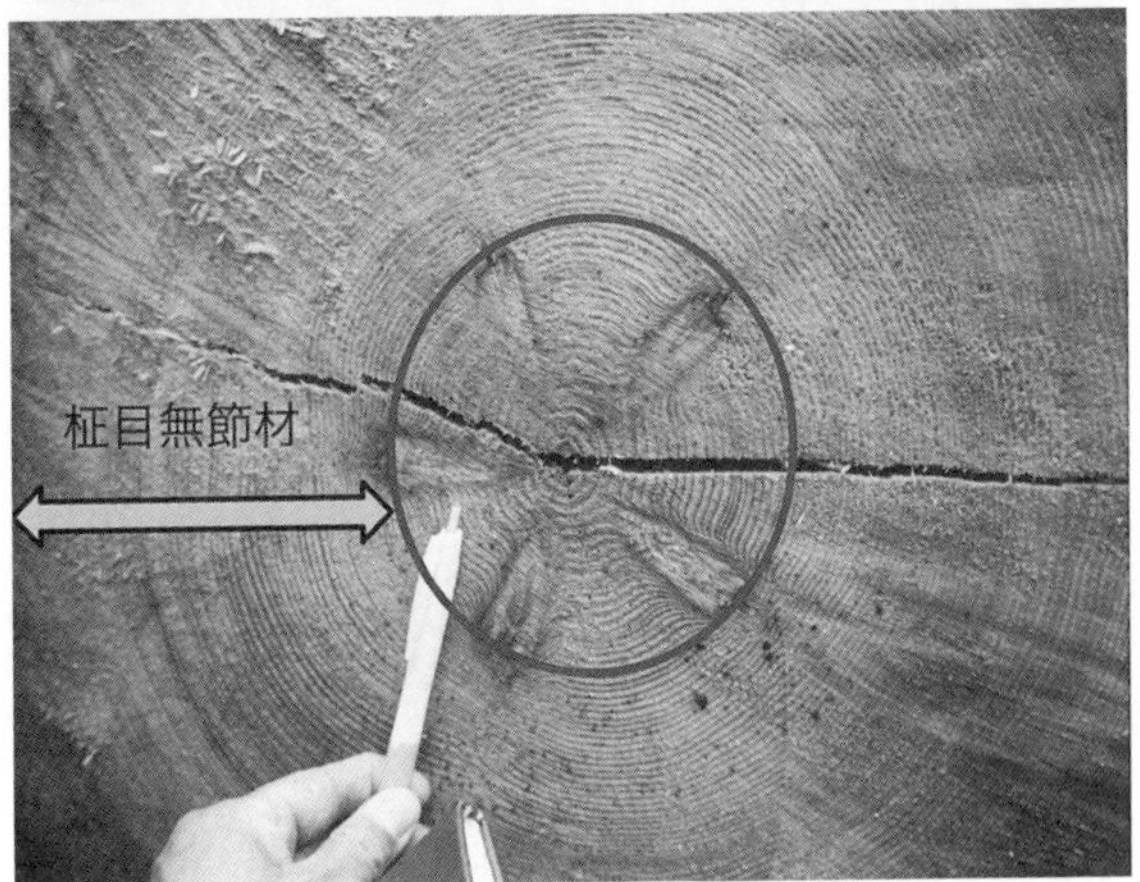

図12　ドイツ・シュバルツバルト地域での枝打ちされたモミ材

トは一本当たり6ユーロが必要である。枝打ちの後、40年間育林し、収穫をする。その40年間に利子率3％とすると、複利計算（1・03の40乗）で3・26倍になっているので、枝打ちコストの6ユーロは40年後に約20ユーロのコストになっているとのことでした。しかし、枝打ち無しのBクラス材の木材価格が100ユーロ／㎥であるのに対して、枝打ちをしたAクラス材は160ユーロ／㎥で取引されることから、枝打ちのための20ユーロは十分回収できるということでした。

最終的な生産目標とその販売価格に見合った生産コストの範囲内で、育林作業を行うことが大切なのではないでしょうか。ちなみにドイツのモミの柾目板は、日本に輸入され、卒塔婆やカマボコ板に使われているとのことでした。

生産性を上げ、生産コストを下げる仕組みを作る

日本の丸太価格は1980年をピークとして低下し続けていますが、国際商品である一般材は、為替相場が変わらない限り丸太価格が反転し大きく高騰することは期待できません。このような中で林業の収益性を向上させるにはどうすれば良いのでしょうか。

儲かる林業の仕組みは単純なモデルであり、「安く（低コスト）で作って、高く売ること」

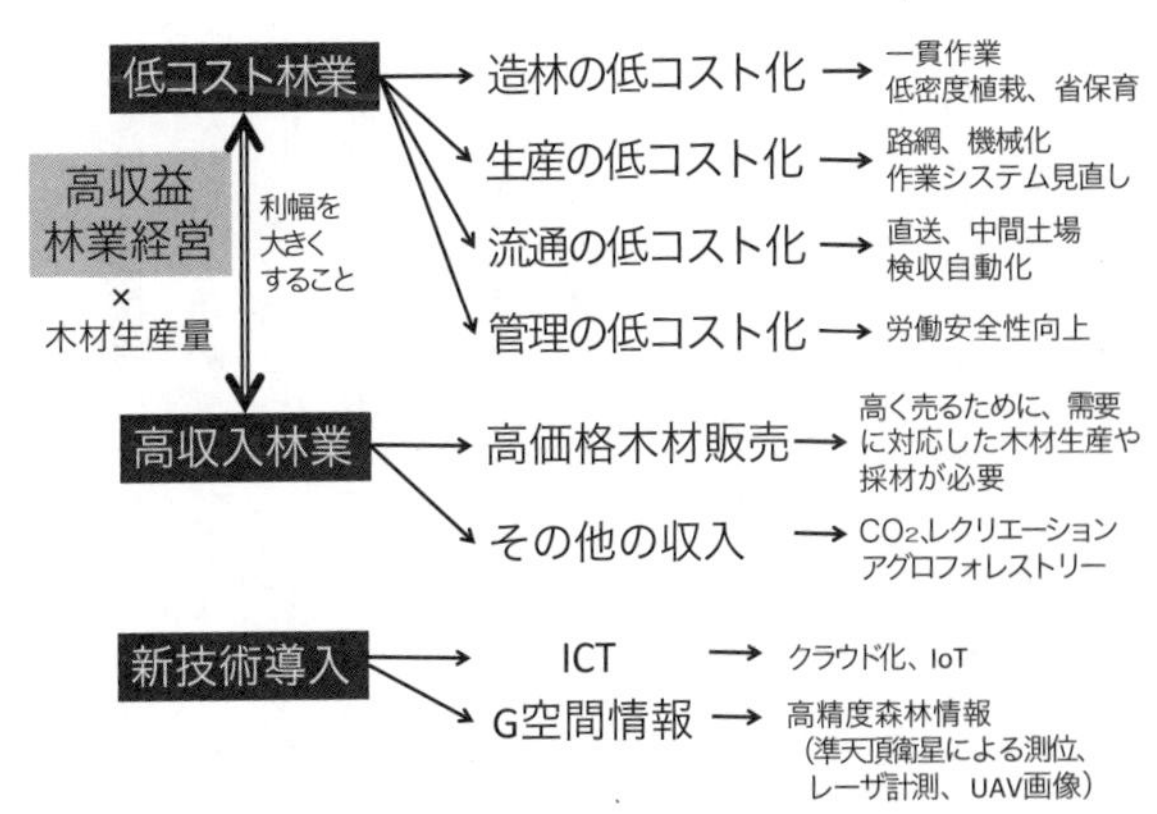

図13　儲かる林業の仕組み

です。その結果が収益性の高い「儲かる林業」となります。林業の低コスト化を因数分解すると、造林、生産、流通、管理の4種類の経営活動それぞれにおいて考えることができます（図13）。

まず、造林での低コスト化ですが、今後の造林は拡大造林ではなく再造林となり、広葉樹が少なく下刈りの回数を減らせる可能性が高いのです[※16]（例えば、福本ら、2015）。林木育種の成果ですが、成長が早く、有利な形質を持つ品種苗（いわゆるエリートツリー）を選択できるようになっています。植栽密度も従来の3000本／haから2000本／ha程度に見直しても、収穫材積や形質面での損失が大きくないと分かってきています[※17]（例えば、寺岡、2013）。

次に生産の低コスト化ですが、高密作業路網と高性能林業機械の導入による生産システムが普及し、技術的にも安定してきました。特に皆伐生産では、伐採後にグラップルなどを利用した地拵え作業を直ちに行う一貫作業システムの考え方が支持を集めてきています。その際に、コンテナ苗の利用により季節を選ばずいつでも植栽可能となったことは、一貫作業システムを担保する上で重要な技術開発となりました。

流通の低コスト化については、トラックの大型化による輸送単価の低減効果が最も期待できます。そのため、最適輸送経路や最適収集計画が効果的であり、大型トラックに積み替えるための中間土場の活用も重要な役割を果たすようになります。さらに、A材とB材の価格差が縮小し、間伐材からのC材割合が高い環境下では、山土場から大型製材工場への直送も行われるようになってきました。そこでは簡易な検収の仕組みが必要となります。わが国では第三者による手検収が必要であると信じられてきましたが、基本的に相対取引である以上、双方の了解があれば検収方法を簡易なものに置き換えることは可能です。合板工場への納入に、重量検収を行っている事例もあります。省力化の手法として、はい積みした状態で写真撮影し、その画像から木口直径と本数を求めることができるようになっています[※18]（例えば、福永、２０１４）。木材価格が低下している現在、検収にコストを掛けることは合理的ではありません。

最後に管理の低コスト化で、クラウドやＩＣＴの活用に期待が集まっています。また中長期的には、労働災害を減らすことで労災関係の保険料を下げることを目指すべきです。ＩＣＴを活用して、作業中の作業員がどこにいるのかを把握できるシステムや緊急時に通報できるシステムは、現時点でもいくつか開発されています。

スマート林業の実現で日本の林業を変えてゆく

スマート林業とは

スマート林業とは、「ＩＣＴによる情報を活用した、精密で省力かつ安全で、さらに儲かる林業」であると考えています。ＩＣＴの様々な技術は、現在の林業が抱えている諸問題を解決してくれる可能性があります。しかし、ただ単に、ＩＣＴの機器を導入するとか、高精度森林情報を取得したというだけでスマート林業ができましたということにはなりません。日本の林業を取り巻く環境は大変厳しく、この機会を逃したら永遠に再生することができないのではないかと危惧しています。森林資源―素材生産―木材流通―木材加工（需要）までのプロセスを「見える化」し、関係者間での情報共有を図ることが大切です。ＩｏＴにより収集される林業に関わる情報は、ますます多様で大量のデータとなってゆきます。例えば、日本国内での丸太の平均材積を0・2㎥程度と仮定すると、毎年1億本もの丸太が生産されることになりますが、それらのデータが使える形で一切残っていません。どこから、どのような丸太が生産され、どこで加工・消費されたのか、といった林業ビッグデータがＩＣＴをうまく使えば、林業・木材産業を大きく変える可能性があります。

森林が存在するだけでは風景や背景に過ぎません。樹木を育成し、立木を伐採して丸太を生産する林業があって、初めて森林資源となります。わが国の人工林資源の有効活用や国産材の競争力を強化するためには、高精度な森林情報の把握やクラウド等のＩＣＴを活用した情報共有技術の社会実装が必要となります。そのためには、これまで林業界との関係が薄かったＩＴや通信あるいは機械系など他業種の技術者との協業が重要となります。また、林業の現場においてもこれらの情報を活用しつつ、先端技術を活用して森林施業の効率化や需要に応じた木材生産を行う「スマート林業」を目指すことで、Forestry4.0[※19]（Roeser、２０１８）と呼ぶべき情報を活用した新しい林業が展開されると期待しています。

発想の転換が必要である

　戦後の国土復興とともに拡大造林による人工林資源の造成が展開されてきました。造林に邁進してきた60年の歳月を経て、人工林資源の多くが伐採可能な林齢となってきています。さらに、製材加工の大型化、針葉樹合板、集成材化、アジアへの木材輸出、バイオマス発電など、従来は想像できなかった規模や加工技術が展開するようになっており、素材生産量が大幅に増加し、２００２年の18・８％という最低の木材自給率からV字回復を示しています。しかし林業の持つ宿命である、樹木の育成期間が超長期にわたること、木材が重くてかさばる割には安い商品であること、自然条件に左右される条件は変わっていません。基本的に農林水産業は自然環境に左右され、経験と勘に頼った作業や経営が行われてきましたが、それを大きく変える可能性を持っているのが「スマート化（ＩＣＴ）技術」です。

　レーザ計測やＵＡＶ技術は森林資源を見える化し、機械化やＩｏＴセンサは生産と流通を見える化してゆきます。これらの情報のクラウド化により合理的な木材サプライチェーンが実現することになります。ＩＣＴの活用により「木も見て、森も見て」の新しい林業経営が実現すると期待しています。このようなあるべき姿からのバックキャスティングにより、林業のあり方を考えることが大切です[※20]（寺岡，２０１９）。

人工林は木材生産するために植えたもので、いずれ伐採するべき森林です。ある一定面積を皆伐し再造林をしてゆかなければ、将来の数十年間、間伐する林分はほとんどなくなります。主伐後の再造林を行うことが将来への投資になるのです。育林の時代から、人工林資源を資産と考え利用してゆくという発想に、マインドを転換してゆくことが必要です。

参考文献

（※1）林野庁（2019a）森林・林業・木材産業の現状と課題。https://www.rinya.maff.go.jp/j/kikaku/genjo_kadai/index.html（2020年1月確認）

（※2）野村総研（2019）ニュースリリース2019～2030年度の新設住宅着工戸数。https://www.nri.com/jp/news/newsrelease/lst/2019/cc/0620_1（2020年1月確認）

（※3）林野庁（2019b）スマート林業の実現に向けた取組について。https://www.rinya.maff.go.jp/j/keikaku/smartforest/attach/pdf/smart_forestry-18.pdf

（※4）農林水産省（2013）スマート農業の実現。https://www.maff.go.jp/j/kanbo/kihyo03/gityo/g_smart_nougyo/pdf/02_jitugen.pdf（2018年1月確認）

（※5）栗屋善雄（2014）林業のスマート化。農業情報学会編「スマート農業」、213‐223p、農林統計出版

（※6）日立東大ラボ（2018）Society 5.0。311p、日本経済新聞出版社

（※7）内閣府ＨＰ「Society 5.0」（https://www8.cao.go.jp/cstp/society5_0/ 2019年9月確認）

（※８）日経ビジネスまるわかり（２０１５）インダストリー４・０第４次産業革命。１２２ｐ、日経ＢＰムック
（※９）総務省（２０１３）平成25年度版情報通信白書。https://www.soumu.go.jp/johotsusintokei/whitepaper/ja/h25/pdf/index.html（２０２０年1月確認）

（※10）大野勝正（２０１６）林業生産専門技術者養成プログラムテキスト「ＩＣＴ林業構築」（鹿児島大学農学部編）、pp・５-８。

（※11）国土交通省国土政策局国土情報課（２０１６）GIS NEXT 55、pp・70。

（※12）坂元成康、加治佐剛、寺岡行雄（２０１７）ＵＡＶを活用した広域森林現況把握における活用事例―平成27年台風15号被害を対象に―、九州森林研究70、pp・１４９-１５１。

（※13）内閣官房地理空間情報活用推進会議（２０１７）地理空間情報活用推進基本計画。https://www.cas.go.jp/jp/seisaku/sokuitiri/290324/170324_masterplan.pdf
（※14）寺岡行雄（２０１６）森林・林業分野でのＩＣＴとＧ空間情報のさらなる活用に向けて。森林技術８８６、pp・４-７。

（※15）社会基盤情報流通推進協議会（２０１６）21世紀の基幹インフラ「Ｇ空間情報センター」の運用開始〜産官学の様々なＧ空間情報の流通・ビジネス創出に向けて〜。

http://aigid.jp/web/wp-content/uploads/2016/11/geospatial_pressrelease.pdf（２０１８年１月確認）
（※16）福本桂子ら（２０１５）３年下刈りと６年下刈りでのスギの成長と雑草木の侵入状況の比較。九州森林研究68、pp・43‐46。
（※17）寺岡行雄（２０１３）植栽密度の違いが植栽木の成長に及ぼす影響‐ヒノキ34年生林分における事例。全国林業改良普及協会編「低コスト造林・育林技術最前線」、pp・１０５‐１１６。全国林業改良普及協会
（※18）福水寛之（２０１４）市販デジタルカメラを用いた材積測定システムの開発。九州森林研究67、pp・15‐20。
（※19）Roeser D.（２０１８）FORESTRY 4.0 Transforming the forest biomass supply chain .in Canada.
https://www.businessjoensuu.fi/files/ke_8-roeser-forestry-4-0.pdf（２０２０年１月確認）
（※20）寺岡行雄（２０１９）ＩＣＴ を活用したスマート林業の技術。ＪＡＴＡＦＦジャーナル７（７）、pp・３‐８。

Ⅱ部

林業ＩＣＴを市町村の森林監理業務に活かす視点

寺岡行雄・鹿児島大学教授インタビュー

近年、急速に普及してきた林業ＩＣＴにより、市町村業務にどのような支援が期待できるのか。

全国の自治体等の林業ＩＣＴ導入にも関わってこられた寺岡行雄・鹿児島大学教授へのインタビューを通じて、林業ＩＣＴ技術の全体像を整理した上で、市町村への活用事例、今後の可能性などについて紹介します。

林業ＩＣＴを市町村の森林監理業務に活かす視点

寺岡行雄・鹿児島大学教授インタビュー

森林・林業ＩＣＴ技術と活用分野

ＩＣＴ技術の整理

編集部：現段階で、市町村で活用できそうな林業ＩＣＴ技術について整理していただけますか。

寺岡：森林・林業でのＩＣＴ技術と活用分野について、表１に沿ってご説明いたします。まず表１のＩＣＴ技術にある、航空レーザ、ドローンレーザ、地上レーザはＬＩＤＡＲというレーザ計測の技術です。航空レーザやドローンレーザでは、１秒間に何万発、何十万発のレーザを発して方位と距離を測り、点で形を表現する技術です。特に航空レーザでは、「地形」や森林

表1　森林・林業でのICT技術と活用分野

【ICT技術】
・航空レーザ
・ドローンレーザ
・地上レーザ
・UAV画像
・デジタル航空写真
・森林クラウド
・GNSS・通信環境(携帯電波、LPWA、Wi-Fi、Bluetooth等)

【活用分野】
・森林資源調査
・詳細地形測量
・境界確定
・素材生産記録(場所と時刻、素材情報)
・作業日報自動化
・素材検収自動化
・木材SCM（サプライチェーンマネジメント）
・森林内通信環境・作業員位置把握、生体モニタリング

や樹木などの「地表面」を計測するのに利用されています。「地表面」をレーザ計測したもの（ＤＳＭ）と、地面まで届いて戻ってきた「地形」をレーザ計測したもの（ＤＥＭ）を差し引きすることで「樹高」も算出できます（図１）。

またレーザ計測では１㎡に何点レーザが落ちるかという点密度で測るのですが、航空レーザでは上空２０００ｍ位から計測するのに対して、ドローンは50～１００ｍ位の高さから計測するため、航空機は１～４点程度／㎡、ドローンであれば高さ次第ですが数百点以上の点として計測されることになります。例えば枝幅が3～４ｍの樹冠があって、そこにレーザが10～20点落ちるのか、何百点落ちるのかでは再現できる形が違ってきます。ドローンの方が詳細なデータを得られるわけ

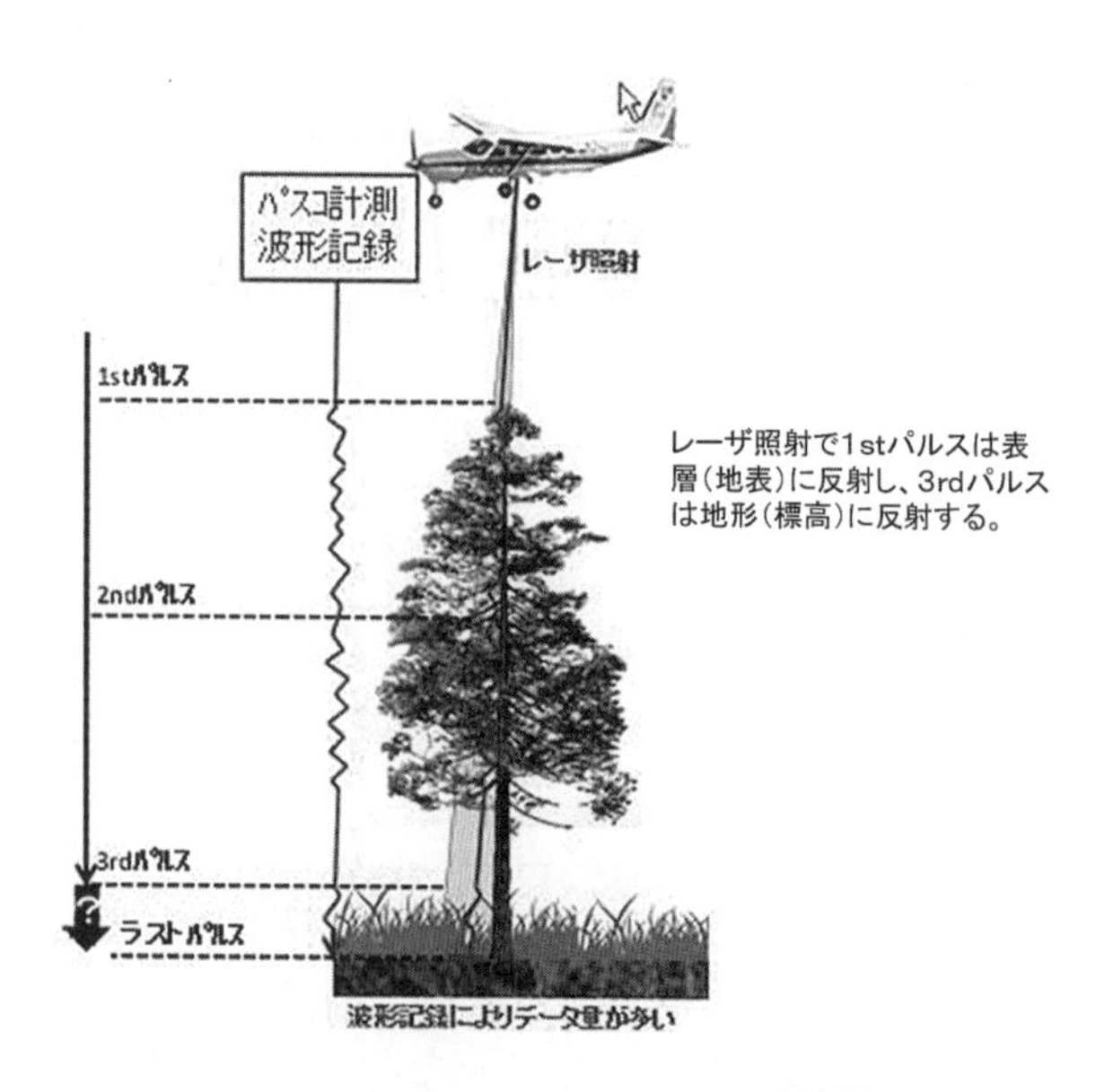

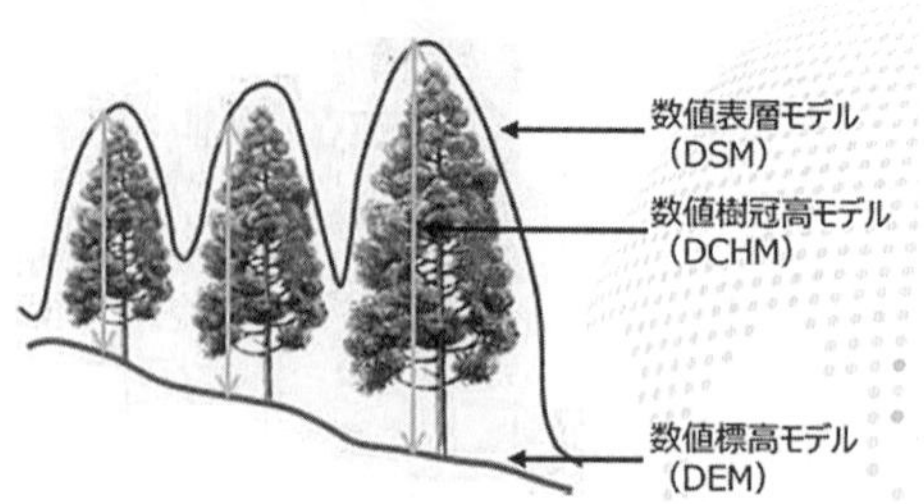

図１　航空レーザ計測

資料：北海道津別町（(株) パスコ)「林業による地域振興推進におけるＩＣＴの利活用」

です。

一方、地上レーザは、地上の機器を設置あるいは移動しながらレーザ計測する技術です。既に土木分野では裸地を扱うことが多いことから普及が進んでいますが、森林分野でも市販の商品も開発され徐々に普及が進んできているところです。

地上レーザでの計測の特長として、樹幹に数百点のレーザを当てることができるため、樹幹の形が再現でき、樹木の曲がりについてはほぼ正確に把握することが可能になります。

続いて「ＵＡＶ画像」です。これはドローンから撮影された写真画像から森林の状態を把握することに利用されます。現在、10～20万円の機種でも十分な撮影機能を満たしています。施業地などでの森林資源の把握はもちろん、間伐施業前、施業後の状態を正確に把握することにも活用できます。さらに豪雨などによる土砂崩れや、マツクイムシやカシノナガキクイムシ等による枯損状況の把握など、上空からタイムリーで正確な情報を把握するには大変重宝する技術だと思います。

さらにＳｆＭ（Structure from Motion）という多様な視点からの画像から３Ｄで再現する画像処理技術がありますので、多くのＵＡＶ画像（あるいは動画）からの画像データをつなぎ合わせることで、３Ｄ画像で可視化することが可能になります。

次に「デジタル航空写真」です。近年、航空写真のデジタル化が進んでおり、熟練した技術者に頼ることなく、コンピュータによりオートマチックに画像データ処理ができるようになりました。デジタル航空写真でもある程度の樹高計測が可能となってきています。

航空写真は70年以上の蓄積があり、空中写真の時系列の記録と言えます。特に育成に長期間を要する森林が対象の場合、数十年前の状況を再現できる非常に重要で貴重な財産です。こうした古い写真のデジタル化が進められておりますので、これを有効に活用しない手はありません。

例えば、境界確定という課題に対して、仮に30年生と40年生の林分が境界を隔てて隣接していた場合、現在はほぼ同じ林分に見えるわけですが、30年前の航空写真で確認すれば、裸地と10年生の林分とで境界を明確にすることが可能になるわけです。

続いて「森林クラウド」です。クラウド化とは、事務所のコンピュータに入っているGISデータを外に持ち出すことができるということです。さらに都道府県データを市町村も共有することができますし、まだすべてではありませんが、森林組合や林業事業体もその情報を共有して林業活動に活用することも進められてきています。このように情報の共有化を図るという意味でクラウド化が非常に有効な手段として考えられています（図２）。

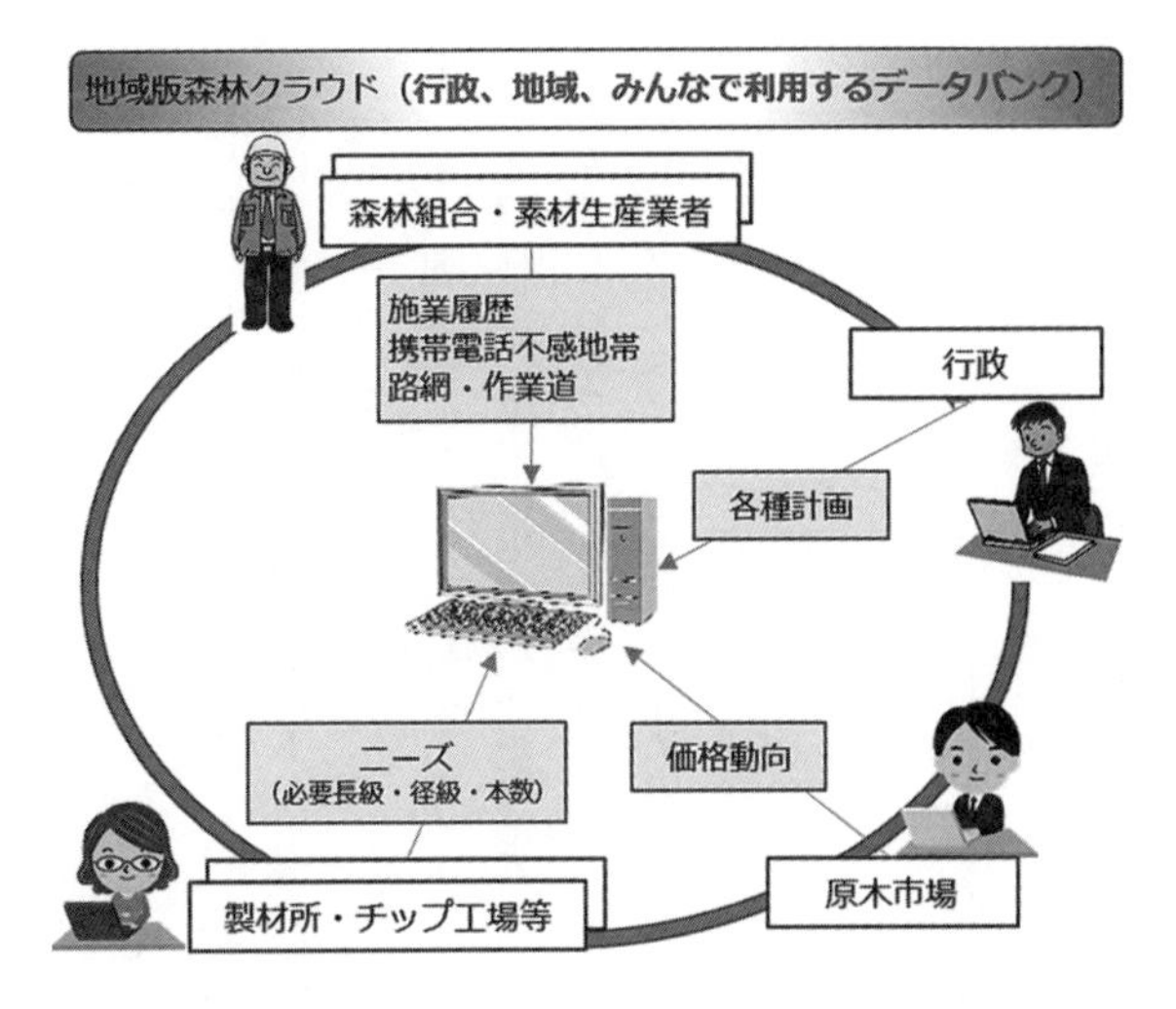

図２　地域版森林クラウドのイメージ
資料：寺岡行雄「人吉市におけるスマート林業の取り組み」

次に「ＧＮＳＳ」を説明します。これはいわゆるＧＰＳのことです。実はＧＰＳという名称はアメリカで使用されている衛星測位システムのことで、ロシアではグローナス、ヨーロッパではガリレオというように、主な国や地域で独自に衛星測位システムを運用しているので、それらを総称してＧＮＳＳと呼んでいます。

わが国では、２０１７（平成29）年度に運用が始まった「ＱＺＳＳ」（準天頂衛星システム）が整備されつつあり、これにより、どこの場所にいるのかという位置情報（測位）が非常に正確に得られるようになってきています。これは非常に重要なことで、先ほどの森林クラウドのようなＧＩＳ情報を林業現場に持ち出す際にも、従来のＧＰＳ単独であれば10～20ｍ程度の誤差がありましたが、ＱＺＳＳでは、常時、ほぼ真上に人工衛星があるため、精度が飛躍的に向上しています。さらに２０２５～２６年には7機体制になるので、日本の衛星だけで測位が可能になります。

続いて「通信環境」の必要性について説明します。ここまで紹介してきた技術を活かす前提として、通信ができるか否かが大きなカギになります。

例えば林業作業中に事故が起きた場合、多くの林業現場では携帯電話がつながらないという状況が考えられます。その場合、電波が入る場所に移動して通報しなければなりません。ところがドイツでは、例えば林業作業中に林業機械の動作がしばらくないと、センサーが感知して情報センターに自動で通報し、情報センターからその林業従事者に電話で確認をするというシステムが導入されています。その際に連絡が取れない場合は事故発生の可能性があると判断し、救援に向かうわけです。

このシステムが機能するには森林全体で通信環境が整備されていることが前提になりますが、わが国では人が暮らしていない林業現場のようなエリアではアンテナ設置が進まず、電波が入りにくいのが実情です。そこで、最近ではＬＰＷＡ（Low Power Wide Area）という、通信速度は遅いのですが遠くまで電波を飛ばすことが可能な技術が出てきており、携帯電波が届く場所から中継器を経由して森林内での活用を実証するための取り組みも出てきています。
このほか、森林内だけで考えた場合には、Wi-FiやBluetoothを利用して10ｍ～数百ｍで作業班内での通信をカバーすることも可能です。従来の林業現場では、トランシーバー等の無線機を利用する所もありますが、無線機はその度に相手を呼ばなければいけないため、常時通信が可能な環境を確保するにはWi-FiやBluetoothが有効です。

ＩＣＴの導入で期待される活用分野

編集部：ご紹介頂いた技術は市町村においてどのような活用が期待されているのでしょうか。

寺岡：活用が期待される項目を表１にまとめています。現在、先ほど程の航空レーザでは、森林資源調査や詳細な地形測量という事例は広く出てきています。地形図も航空レーザで計測すれば１ｍとか０.５ｍの等高線が引けます。５０００分の１の基本図では、実際の現場の状況と異なることがありましたが、レーザ計測の普及で現場の実情に即した詳細な地形図が入手で

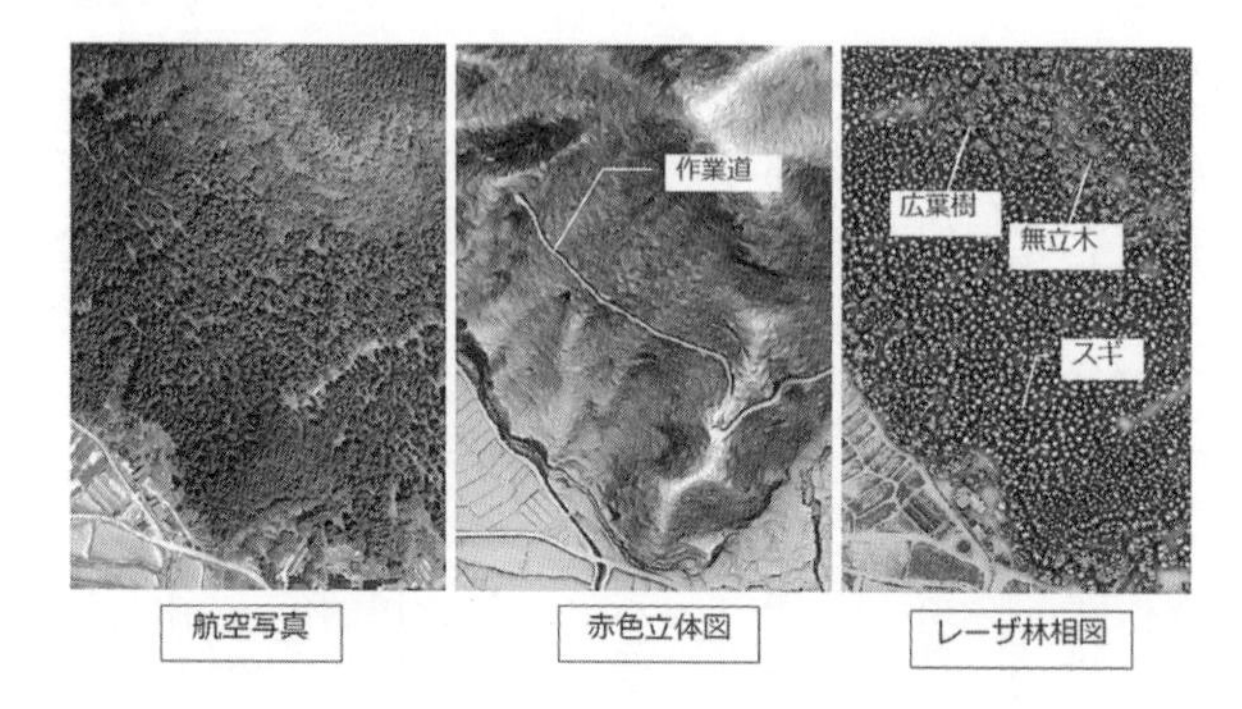

図３　航空レーザ計測により３種類のデータを整備（２Ｄから３Ｄへの情報転換）

資料：山形県 金山町森林組合「航空レーザ計測による林業成長産業化に向けたICT林業」

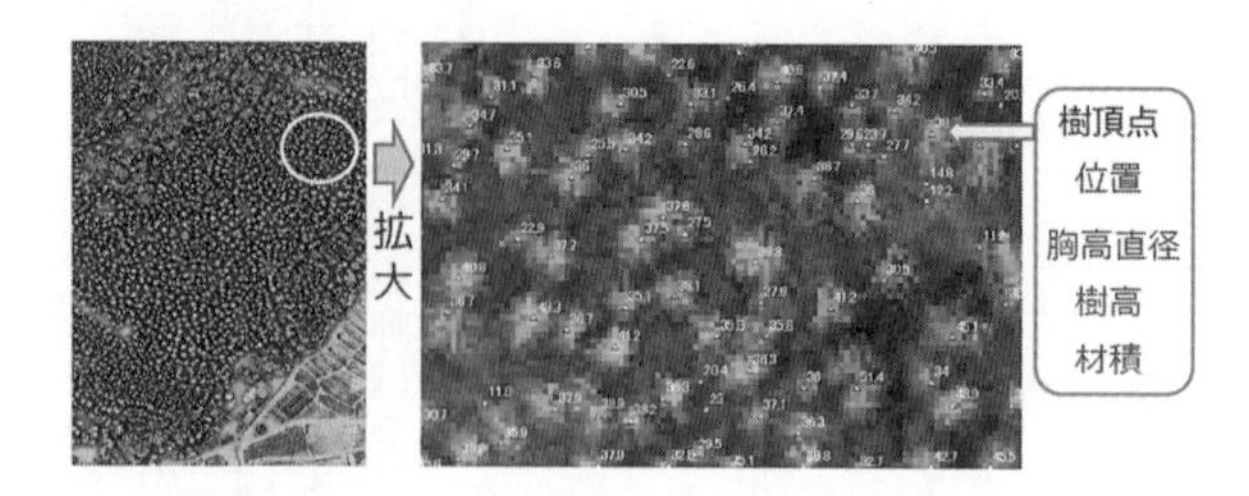

図４　樹頂点解析でスギ上層木１本ごとの情報を整備（単木ごとに位置・樹高・胸高直径・材積計算を算出）

資料：山形県 金山町森林組合「航空レーザ計測による林業成長産業化に向けたICT林業」

きるような時代になってきています。

事例で紹介しましょう。山形県金山町では、航空レーザ計測を活用した赤色立体地図を作成して、非常に詳細な地形情報を得ています。これが従来の航空写真と比較してもその差は一目瞭然です（図３）。同様にこうした技術を応用して樹種の分類ができる技術も開発されているところです（図４）。

この技術を活用することで、1本1本ごとの樹形が分かりますし、そこから木の本数も計測できます。また先ほども説明しましたが一番高い梢端と地表とを計測することでその差から樹高も分かります。

これまで森林簿の情報に基づいて森林ＧＩＳが作成されていたため、例えば、ある小班には43年生のスギがあるという情報しかなかったのですが、こうした航空レーザ計測等を活用することで、小班での木の本数、立木密度、樹高などの情報を集約することが可能になります。

路網開設や境界確定に役立つ技術

編集部：先ほどの赤色立体図などがあれば作業道の線形作りにも役立つと言うことでしょうか。

寺岡：はい。例えば現地踏査などの測量設計業務がかなり省略化されることが分かっています。さらに現地踏査では、例えばここは水が出そうだと思っても、実際に道なき斜面を歩いて確認をしなければ分かりません。現地踏査といってもすべてを確認するには限度があります。そう考えたときに、航空レーザを活用して作成した地形図を通じて、ここは危ないからこのルートを避ける線形を作るべきだとか、何らかの工作物を設けなければいけないとか、より詳細な情報を基に検討することが可能になります。もちろん現地踏査が要らないとは言いませんが、現地踏査だけでは分からない情報が航空レーザ計測から得られると思います。

また、こうした技術は「境界確定」においても大きな力を発揮すると思います。例えば異なる樹種の林分から境界を確認しようとします。航空写真では判別が難しい場合でも、航空レーザを活用することで、樹種の違いによる境界確認が可能になってきました。実際に、ある航測会社では、航空レーザ計測したデータから人工知能に学習させて、ここはカラマツ、ここからはトドマツというように樹種の違いを明確に把握する技術が開発されています。従来、熟練者が航空写真から判別していた作業も、こうした技術の普及でかなり省力化される方向になると考えています（図5）。

また素材生産や木材流通加工分野での支援ツールとしても着々と実績が上がってきていま

DeepLearning(CNN)による分類

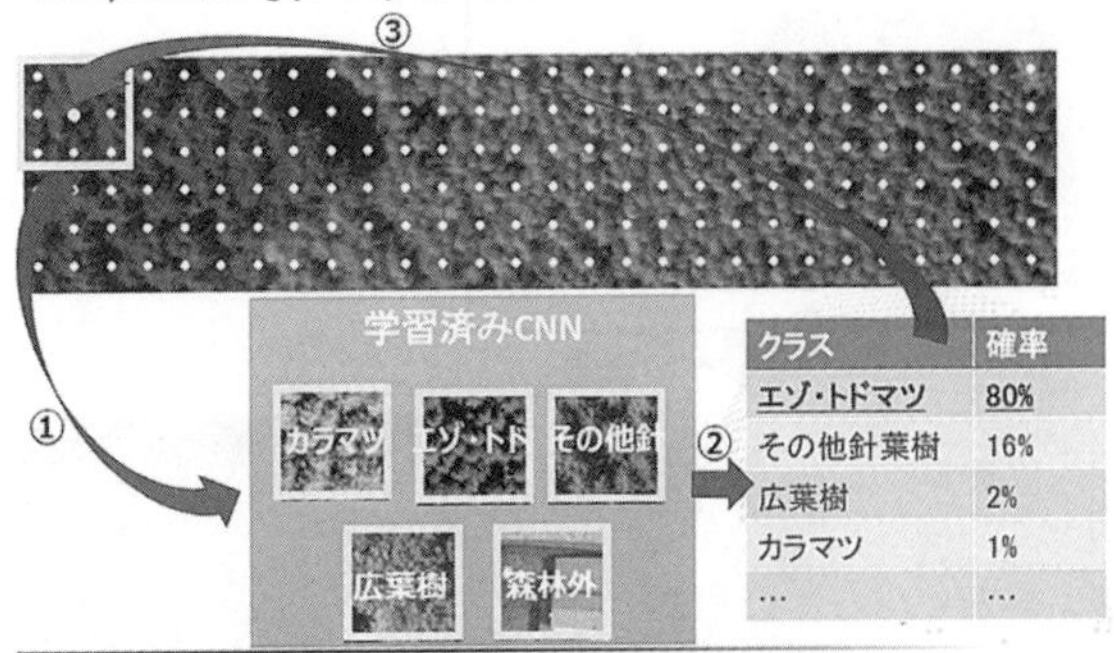

分類結果例

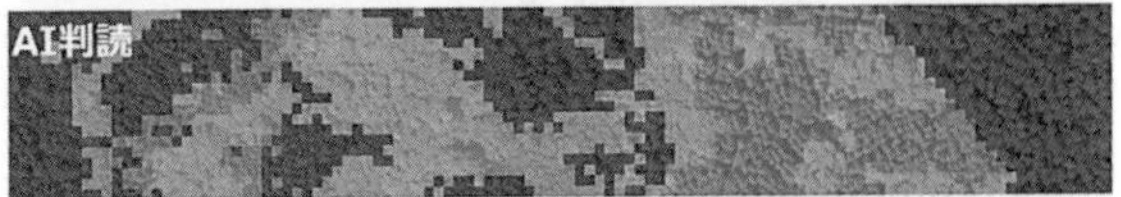

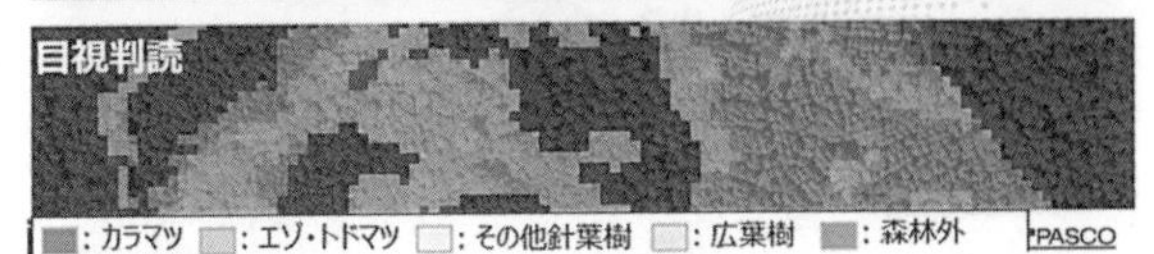

今まで航空写真から熟練者が目視判別していた林相区分をAIの活用で省力化が期待されている。

図５　人工知能を活用した林相区分の作成

資料：北海道津別町（(株) パスコ)「林業による地域振興推進におけるＩＣＴの利活用」

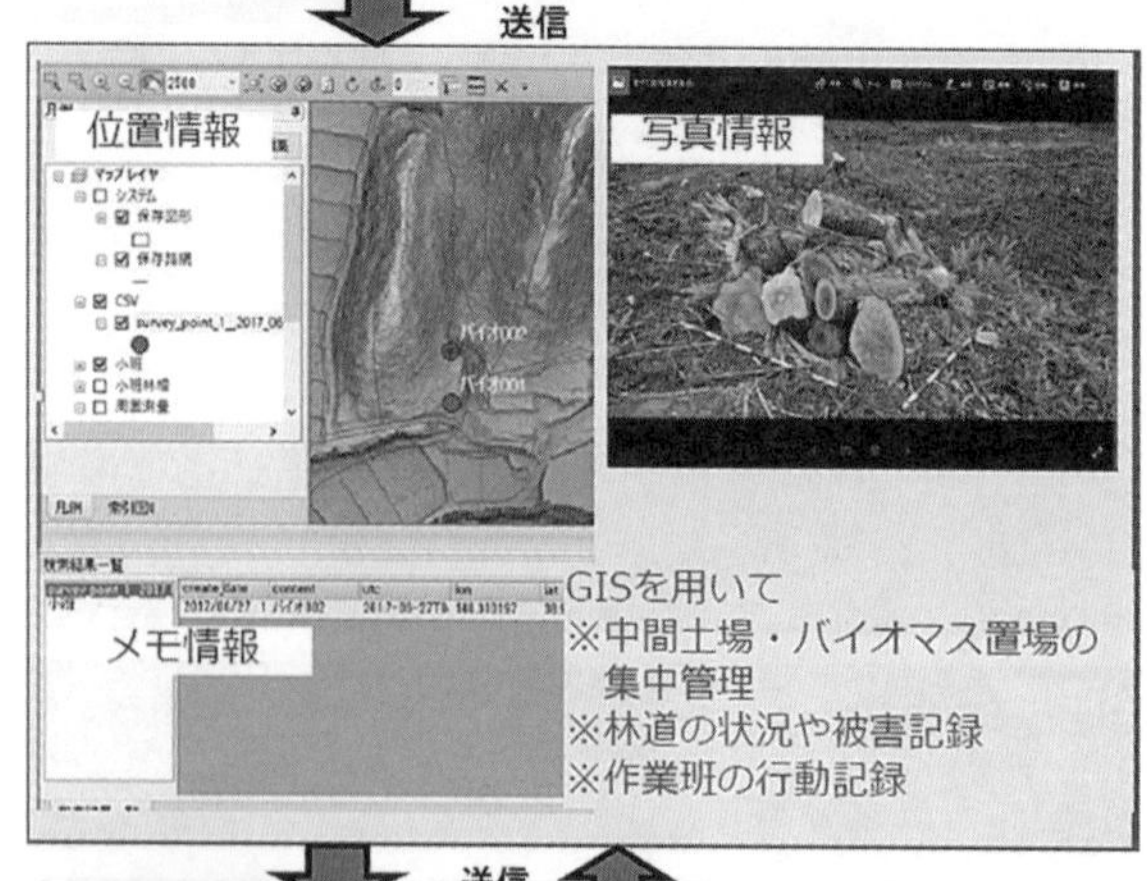

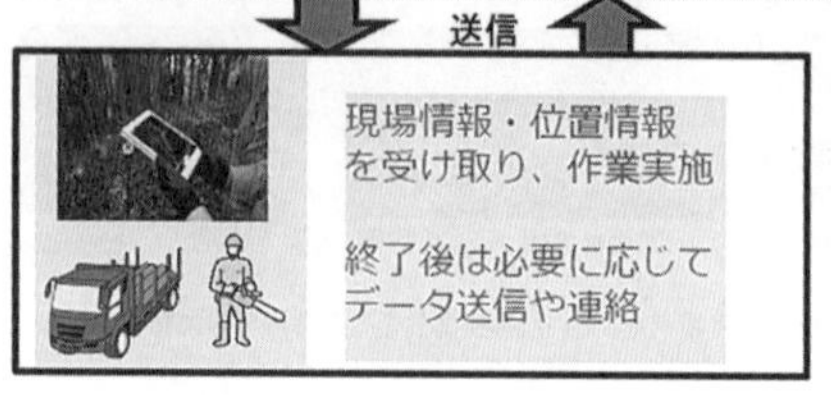

タブレット端末を用いて、森林クラウドを通じた森林GISとの相互連携により、労務管理から収集管理までが簡単にできるようになってきた。

図6　汎用デバイスの活用（タブレット）の活用

資料：山形県　金山町森林組合「航空レーザ計測による林業成長産業化に向けたＩＣＴ林業」

す。素材生産の現場において、場所、時刻、素材などの情報を記録する「素材生産記録」、林業従事者の労務管理に欠かせない作業日報の自動化などがスマホやタブレットで簡単にできるシステムが開発され、現在実証試験が実施されています（図６）。

ミクロレベルで木材需要のリアルタイム共有

寺岡：続いて土場での「素材検収自動化」です。土場にはい積みされた素材を写真撮影するだけで自動で検収してくれる技術も普及し始めています。

そして「木材サプライチェーン」です。これは木材需要側（製材工場、住宅等）と供給側（素材生産）をＩＣＴでつなぐことで、木材需要者は必要となる原木の調達コストや時間、在庫コストを減らすことができ、その分を原木価格に上乗せすることで、高収益型木材生産・流通システムを構築しようというものです。

イメージとして、例えばＡ製材工場から「柱適寸のこういう丸太を５００本ほしい」という情報がＩＣＴを通じてＢ事業体にダイレクトに連絡が入るとします。林業現場ではチェーンソー伐倒者のスマートフォンや林業機械のキャビンにいるオペレータにその情報が入り、そのオーダーに沿った素材生産が行われ、「この現場から本日100本納材します」ということで、その場で取引が成立するわけです。

これにより製材工場は市場に買い付けに行くという調達の手間が省けるわけです。もちろん需要者側が要求する規格や品質への対応などの信頼関係構築は必須です。しかしそこはトライアルを踏まえて信頼を獲得していけばよいわけです。

製材工場では買い付けの手間が省け、在庫コストも減らすことができ、500〜1000円高く買ってもらうことも期待できます。さらに直売により、運賃や手数料を省くことができれば、お互いに1000〜2000円還元することも期待できます。サプライチェーン構築という意味でもICTは重宝する技術だと思います。

編集部：川上、川下が敵対関係になるのではなく、情報を通じた信頼関係が構築できるということですね。

寺岡：はい。それがICTの一番使いやすいところだと思います。それらを達成するためにも先ほど申した通信環境が整備される必要があります。

市町村の森林監理業務とＩＣＴ

増え続ける市町村の森林監理業務

編集部：ご紹介いただいたＩＣＴ技術は市町村の森林監理業務をどのように支援できるのでしょうか。

寺岡：市町村職員の多くは４～５年で異動となりますし、そもそも林業技術者が非常に少ないというのが実情です。森林・林業に関してほとんど知識のない方が林務担当者として任務を遂行するために、まずは必要な情報がサポートされることが大事ではないかと思っています。先ほど紹介したＩＣＴ技術は、必要な情報を得る意味でも市町村業務を支援するツールになっていくと考えています。

そこで私なりに市町村の業務を改めて整理してみました（表２）。まず１９９８（平成10）

表2　市町村の森林監理業務

・伐採及び伐採後の造林の届出の受理・審査
・伐採及び伐採後の造林に係る森林の状況報告
・森林の土地の所有者届出書
・市町村森林整備計画の作成
・林地台帳の整備・運用
・森林経営管理制度の運用
・要間伐林分の抽出
・森林所有者の意向確認
・経営管理権集積計画の策定と森林所有者から経営管理権の取得
・経営管理実施権配分計画の策定と森林の経営管理実施権の設定
・林業経営者に再委託しない森林等での市町村森林経営管理事業の実施

年の森林法改正では、地域に最も密着した行政機関である市町村の役割として、市町村森林整備計画の策定、その当時の森林施業計画の認定、伐採計画の受理、施業に関する勧告ということが市町村の任務として定義付けられました。

２０１６（平成28）年からは市町村森林整備計画において鳥獣害防止森林区域、鳥獣害防止に関する計画事項を設けるとか、林地台帳の作成などといった業務が増えたわけです。その中でも伐採及び伐採後の造林に関する届出書の受理や審査については、市町村の大きな役割の１つだと思います。特に今の九州では無秩序な皆伐が進行することへの懸念が大きくなってきていますので、重要な任務であると思っています。

市町村の取り組み事例として、林業が盛んな鹿児島県曽於市では、２０１８（平成30）年度からこの伐採届の厳格

表3　鹿児島県曽於市の伐採及び伐採後の造林届け必要書類

区分		添付書類	備考
1	伐採地及び搬出道が確認できる書類	伐採地の位置図又は字図(地籍図) に搬出経路をマーキングしたもの	必須
2	土地所有者が確認できる書類	登記簿謄本	必須
3	伐採者等の意思が確認できる書類	確約書(様式第2号)	必須
4	森林所有者の住所が確認できる書類	住民票(マイナンバーを省いたもの)	必須
5	添付書類の確認ができる書類	チェックリスト(様式第3号)	必須
6	作業路管理者、地元自治会等との協議が確認できる書類	協議書(様式第4号)	市長が必要と認めた場合のみ
7	公道管理者、河川管理者等との協議が確認できる書類	関係施設管理者との協議書(様式第5号)	市長が必要と認めた場合のみ
8	公道(市道,農道)の管理者への申請が確認できる書類	許可証等の写し	市長が必要と認めた 場合のみ
9	その他市長が必要と認める書類	土地の売買契約書又は,立木の売買契約書	登記名義人と現管理者が異なる場合のみ

化に踏み切りました。その背景には南九州では問題になっている誤伐・盗伐の増加があります。実際、他県で伐採届の偽造もあったため、所有者の承諾や伐採業者の身元を明らかにするため手続きが厳格化されています（表3）。

このほか、森林所有者が変更した場合に届出を受理・審査する「森林の土地の所有者届出制度」や、市町村森林整備計画の作成、それに基づく森林経営計画の認定など、重要な役割が今の市町村の業務として定められています。

さらに2019（平成31）年度からは森林経営管理制度がスタートしました。その中で経営管理が適正に行われていない森林の特定、森林所有者の意向調査、経営管理権集積計画の作成、さらには意欲と能力のある事業体に委託など、市町村の仕事が増えてきました。

その一方で、多くの市町村の実態として、1998（平成10）年以前の意識からあまり変わっていないのではと私は感じています。2018（平成30）年度、鹿児島大学の枚田邦宏教授らが行った自治体へのアンケート結果（未公開）では、林務担当者は平均3人でしたが、そのうち6割以上がほかのセクションとの兼務でした。それから、9割が以前から林業専門職員はいないと回答していますし、伐採届や新たな森林経営管理制度でも業務の負担が大きくなっていることを感じているのは確かだと思います。こうした市町村では、先ほどの曽於市のように伐採届を厳格化しても、それを判断することは難しいのが現実だと思います。

航空レーザによる業務支援

寺岡：このような市町村の実情を受けて、ＩＣＴでどのような業務支援ができるのかを考えてみました。まずは２０１９（平成30）年度から運用がスタートした林地台帳制度について考えてみますと、林地台帳の記載事項は、所在、所有者、境界の測量状況、森林経営計画の認定というものです。ただし境界については、いずれ地籍調査データ、もしくは境界確定に必要な情報が求められます。

その境界確定に活用できそうなのが先ほど紹介しました航空レーザ計測です。大まかに言えば航空レーザ計測により森林資源解析と高精度地形データの取得を通じてそれを活用して境界確定につなげていこうというものです（図７）。

概要としては、航空レーザ計測からレーザ林相図で全体を把握し、単木ごとの樹種や樹高、胸高直径の推計も可能になります。それを地域内の森林組合や事業体と共有することによって、より効率的な生産管理ができるわけです。それから高精度の地形データから路網・作業道の整

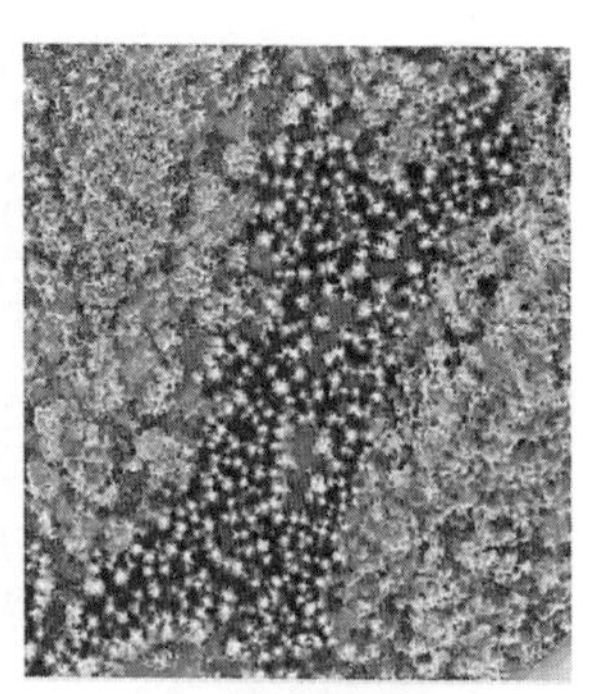

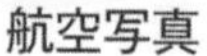

レーザ林相図
（黒地に白色の円がスギ）

図7　航空写真とレーザ林相図の比較

レーザ林相図により、スギー広葉樹の１本単位の区分が可能になることから、境界情報としても有用
資料：山形県 金山町森林組合「航空レーザ計測による林業成長産業化に向けたICT林業」

備に活用したり、こうしたデータを行政や林業関係者で共有・相互活用する仕組みとして地域版森林クラウドを構築することが可能になってきています。

こうした取り組みをしている市町村事例としては、先ほども触れました山形県金山町をはじめ、北海道滝上町、島根県津和野町、岡山県新庄村、西粟倉村、福岡県福岡市、熊本県人吉市、大分県日田市などです。このほか北海道津別町でも地形解析や森林資源解析したデータを森林クラウドで共有しています。

また新潟県佐渡市でも、国土交通省の山村部における地籍整備で航空レーザを使って境界確定に挑戦されているそうです。

ところで航空レーザについて補足しておきますと、まず難点としては費用が高くて1000万円からのオーダーになります。ha当たりでみれば、データ解析まで含めて3000～3500円です。しかし、一度計測すれば詳細な地形データが取得できます。また航空写真は3～5年に1回は撮影しているので、一度航空レーザ計測で正確な地盤の情報が把握できていれば、その後は航空写真やドローン画像を使って定期的に更新することで、仮に5年間ごとの地表の変化をつかむことが可能になります。林業分野でみれば立木が伐られたことが分かるわけです。そうなると市町村の伐採届の確認だけではなく、どこで伐られたか、森林で何があったのかが正確に捕捉することができるのです。このようにＩＣＴ技術を使えば伐採届の確認が正確に行える（現地へ行かなくても）ことが実証されているので、先に紹介した伐採届の厳格化の動きにも十分技術的に対応できるといえます。さらには過去の航空写真データも捕捉していくことで、境界確定に向けた重要な手がかりとして期待できるのではないかと思います。

森林クラウドを活かす

編集部：このほかにはどんな支援が考えられますか。

寺岡：市町村だけが情報を持っていても地域の林業関係者と連携した情報共有がなければ意味がありません。そこで森林クラウドを構築することで市町村と森林組合や林業事業体との情報共有をする取り組みが各地で取り組まれています。具体的に事例を通じて紹介しますと、滋賀県米原市では、森林クラウドを通じて林地台帳の整備を市と森林組合で実施しています。先ほども紹介しましたが人吉市でも行政と林業関係者で情報を共有・相互活用する仕組みが運用されています。また岡山県真庭市でも森林クラウドで、土地所有者情報やドローンによる森林情報を市と森林組合で共有する仕組みができていることは聞いています。

森林クラウドについては、私は地域住民が参画して、地域住民への情報発信ということでも意義があるのではないかと考えています。

デジタル航空写真を活用する

寺岡：また時系列に沿った過去情報により詳細な森林資源情報を活用している事例として、高知県仁淀川市・越知町があります。ここでは林業成長産業化モデル事業として、デジタル航空写真のＤＳＭデータを利用した森林資源解析を実施しています。ここで注目したいのが３次元ビューアを導入していることです。

３次元ビューアとは全天写真カメラで３６０度を撮影した画像情報で、タブレットで向けた方向の画像の３６０度すべてを見えるようにしたものです。使い方次第では、足腰が弱った高齢の森林所有者にタブレットで該当する林内風景を見てもらうことで、「境界にこのような木が植えてあると聞いた」というような会話から境界確定に関する情報が得られることが期待できます。これは数万円のカメラで撮影すればよいので、実際の現地調査に行くときに野帳データだけではなくてこうしたカメラ持参での写真撮影も重要になります。

ちなみにスマートフォン内蔵カメラで撮影すると経緯度と時刻が記録されますので、これを森林ＧＩＳに取り入れればより充実した森林情報として活かすことが可能になります。例えばある林分で２０１９年の７月○日段階で画像で記録を残しておいたとします。数年後間伐あるいは皆伐されたとか、路網が開設されたとか、土砂災害が起きたとか、今とは違う状態になるイベントが発生したときに、その時にはどう変化したかを得るための重要な情報になるのです。森林ＧＩＳが難しいというのであれば、Google Mapにも簡単に貼り付けられるので、まずはGoogle Mapに画像情報を蓄積させていくだけでも後々大きな違いになっていくと思います。

例えば２０１９年の段階、２０２０年、２０３０年とだんだん重なっていくと変化が明らかになる。ベースマップとして、例えば50年前の航空写真があれば、今では分からない違いがもっと見えてくるはずです。また新しいデジタル航空写真では地表面のＤＳＭデータまで扱えるので、森林ＧＩＳで把握できることが飛躍的に広がるはずです。

森林経営管理制度支援に活かす

編集部：森林経営管理制度への支援についてはいかがですか。

寺岡：市町村の森林管理業務を効率よく行うためには、森林ＧＩＳ上でより効率よく業務が行える環境を構築することが重要だと思います。それを森林クラウド化で地域の林業関係者と情報を共有することで、森林経営管理制度に関連する業務もより円滑になると思います。

先ほど紹介した航空レーザなど様々な技術による情報を得ることが可能になりましたので、そういった情報を有効に活用して作業精度を上げていくことが一番手っ取り早いと思います。

森林経営管理制度では、市町村が要間伐林分を抽出することになりますが、航空レーザ計測から立木密度と樹高が導けますので、いわゆる収量比数や相対幹距比などの間伐指針が出せるわけです。市町村内のどこの森林が間伐の緊急度が高いということを示すことができるわけです。

編集部：市町村業務でほかにＩＣＴが期待される分野はありますか。

寺岡：鳥獣被害対策が考えられます。例えばＩＣＴを活用したワナがあります。シカがワナにかかったら連絡が来る仕組みです。ＩＣＴにとって重要なのがセンサーです。センサーをいかに多く配置してそのデータを計測・判別したものを通信で送信することが大事なのです。これがＩｏＴ（Internet of Things）ということになります。

鳥獣害以外にも風水害でも関係してきます。例えば、気象庁では法律上、検定に通った高額の観測機器しか使えないため観測機器の数は多くありません。一方、市町村では住民を守るために災害を早くキャッチするという役割がありますので、極端な話1万個の安価なセンサーを対象地に配置すればよいのです。多少精度が悪くても、1割が壊れても9割稼働してくれればよいという発想です。例えば国土交通省や県が河川に水位計を配置していますが、国や県が発表するデータだけではなくて、市町村内の用水路や小川に水位計をたくさん配置し、タイムリーに多くの情報が発信されてくることの方が意味のあることだと思います。それこそがＩｏＴの時代なのです。異常値があれば現場が近いので見に行けばよいわけです。これが土砂災害についても斜面の変形を感知するセンサーだとか、そういうものは技術的にはできないことはないと思います。ただしそこでも通信環境がネックにはなってきます。そういう通信手段をどう確保するのかがポイントになってくると思います。

市町村にＩＣＴを普及するためには

市町村有林の経営にＩＣＴを活かす

編集部：先進事例に挙がっている市町村がＩＣＴを導入しようとしたインセンティブはどこにあると思いますか。

寺岡：ある程度の規模の市町村有林を所有している市町村では、その管理・経営業務の負担を軽減したいという実情があります。具体的には予算立てや現地調査、今後の経営指針の作成や議会での説明など、それなりの手間や労力がかかりますし、それを省力化したいというニーズはあるかと思います。

また市町村有林をモデルに地域の林業振興を図りたいという考え方もあるかと思います。そういったところにＩＣＴ導入よる新たな可能性を感じられれば、取り組んでみたいという気持ちになると思います。

ちなみに人吉市では市有林が４０００ha位ありますので、それを使って実証事業に取り組んだ経緯があります。ＩＣＴを活用して素材生産した場合と、従来型で生産した場合でどう違うのかなど、実証の場として取り組んできました。利用した事業は、地方創生事業を3年間活用し、２０１８（平成30）年度からは林野庁のスマート林業の事業で取り組んでいます。

自治体連合の創設によるＩＣＴ導入

編集部：先進事例で紹介した多くの市町村では国の事業などを活用していると思いますが、これから市町村が単独でＩＣＴ技術を導入していくにはどんな手法があると思いますか。

寺岡：先ほど申したとおり、航空レーザで飛行機を飛ばすと1000万円からの費用がかかりますので、たとえ森林か環境譲与税があるといっても自治体単独での導入は難しいと思います。そこで考えられるのが都道府県を含めた自治体連合の創設です。自治体連合によりある程度面積を確保して航空レーザなどを導入するのが現実的ではないかなと思います。

また長野県の北信州森林組合の例を紹介しますと、民間事業体では、コストの分割払いが可能になるということです。長野県では航空レーザ計測のデータ自体は県で全部撮ったのですが、組合が使うのに必要なデータの解析は組合単独で3000万円かかったそうです。これを5年間データが有効だと考えれば、年間600万円に分割して支払うということができます。それを1人分の人件費として捉え、ICT導入による効率化で浮いた仕事をほかに回せば相殺できるという考え方です。

市町村ではこうした分割払いはなかなか難しいかもしれませんが、いずれにしてもICT化による情報取得により業務が楽になり、その分、ほかの仕事ができるという発想も大切だと思います。

一方で、森林に関する精密なデータにこだわらなければ、市町村であれば国土地理院等からデータの提供を受けることも可能です。

具体的には例えば航空レーザでも1点／㎡であれば、国土地理院や国土交通省の河川事務所で取得しており、自治体であればデータの提供を受けられます。1点／㎡でもかなり正確な地盤情報を得ることが可能ですので、先ほど説明したとおり、地盤の情報が正確に分かっていて、そこに航空写真あるいはドローン撮影することで、時系列で森林情報を取得することができるようになります。伐採届の確認など市町村業務にとっても大きな支援になるわけです。お金がないからできないのではなくて、お金をそんなに使わなくてもできることがあるのです。

ＩＣＴの成果とは―地域課題の見える化

編集部：これまでの先進事例を通じて見えてきた成果とは何ですか。

寺岡：結論から言いますと、ＩＣＴさえ導入できればすべて解決するということではなくて、結局は地域の林業の仕組みであったり、林業界が抱えている問題がより明確に、目に見える形で皆が理解できるようになったということだと思います。事業を導入して新たに得た情報を活用して検証していく一方で、これまでにやってきた地域内の取引関係だとか、人的なつながりは残っている。どこに課題があるのかが誰の目で見ても明らかになっていく。そういうものをこれからどのように変えていくべきかを気づくことができたということが成果だと言えます。うすうす分かっていた課題が、具体的な課題として見える化したというのが実情です。

これは林野庁の林業成長産業化事業でも、スマート林業事業でも同様で、どこがどんなふうに変わったのかという事例を求められても、恐らく問題の本質が明らかになったという点ではどこも同じなのではないかと私は思います。

ですからあまり成果を急がないでくださいと言っています。この取り組みを通じて課題が明らかになって、当事者が具体的な打開策を考え始めると。ここから本当に変わっていくのだと思います。

そう考えるとＩＣＴやスマート化というのは、情報の見える化ということができます。そして森林クラウド化が象徴的なのですが、それを皆で共有する仕組みこそが重要なことなのです。

編集部：先ほど、市町村の担当者の多くがほかの部門と兼務しているということでしたが、ほかの部門との連携にも活かせそうですね。

寺岡：林業部門では市町村森林整備計画を作成時にゾーニングをしなければいけないし、コンパクトな役場の中では、さまざまなセクションでの横串が刺せると思います。例えば観光や農業と林業、あるいは土木と林業だとか、横串を刺していって、どのような施策に使えるかという際にも、こうした技術は重宝するのではないかと思います。

いずれにしても情報が見えるということはとても大事なことだと思います。森林の情報が一般の人に見えなくなっていた。当然、林業の専門職ではない市町村の職員の方にとっても、よく分からないことだったと思います。それがデータとして見える化することで、実務として使えるようになっていく。こういう情報源やツールがあれば、林務関係の業務をしっかりやっていけるようになるのではないかなと思います。

市町村を支援する都道府県の役割

編集部：ＩＣＴ導入について、市町村に対して都道府県の林業普及指導員がどのように働きかけていったらよいと思いますか。

寺岡：まずは都道府県の職員の皆さんも新しい技術をもっと勉強していただきたいと思います。林野庁でも2018（平成30）年度からICT研修事業を実施していますが、こういう技術情報が取得できる環境が用意されていますので、そういうものを積極的に活用しながら勉強していただいて、そこで得た知見を市町村に伝えていくことではないかなと思います。

そして、最終的には森林クラウドがベースになります。このクラウドは都道府県と共有していくわけですから、市町村に対して、クラウドを通じて、情報の使い方とか、加工の仕方というものを都道府県からより活用しやすいように支援してあげることが大事だと思います。これは森林総合監理士の役目としても期待されていますが、そういうことを都道府県の林業普及指導員からも支援していただければよいと思います。

（インタビュー・まとめ／編集部）

Ⅲ部　事例編

山形県金山町のＩＣＴを活用した林業成長産業化に向けた取り組み

狩谷健一
山形県・金山町森林組合常務

スマート林業構築で熊本県人吉球磨地域の新たな林業を創出

眞鍋豊宏
熊本県・くま中央森林組合 主任技師

山形県金山町のＩＣＴを活用した林業成長産業化に向けた取り組み

山形県・金山町森林組合常務理事
狩谷健一

山形県金山町及び金山町森林組合は２０１５（平成27）年から２０１６（平成28）年にかけて全町の民有林約６５００haに対して航空レーザによる森林の空間情報のデジタル化を行い、２０１７（平成29）年に林業成長産業化構想モデル地域に採択され、ＩＣＴ技術を活用した木材のカスケード利用と林業・木材産業の担い手育成を中心とした取り組みを行っています。

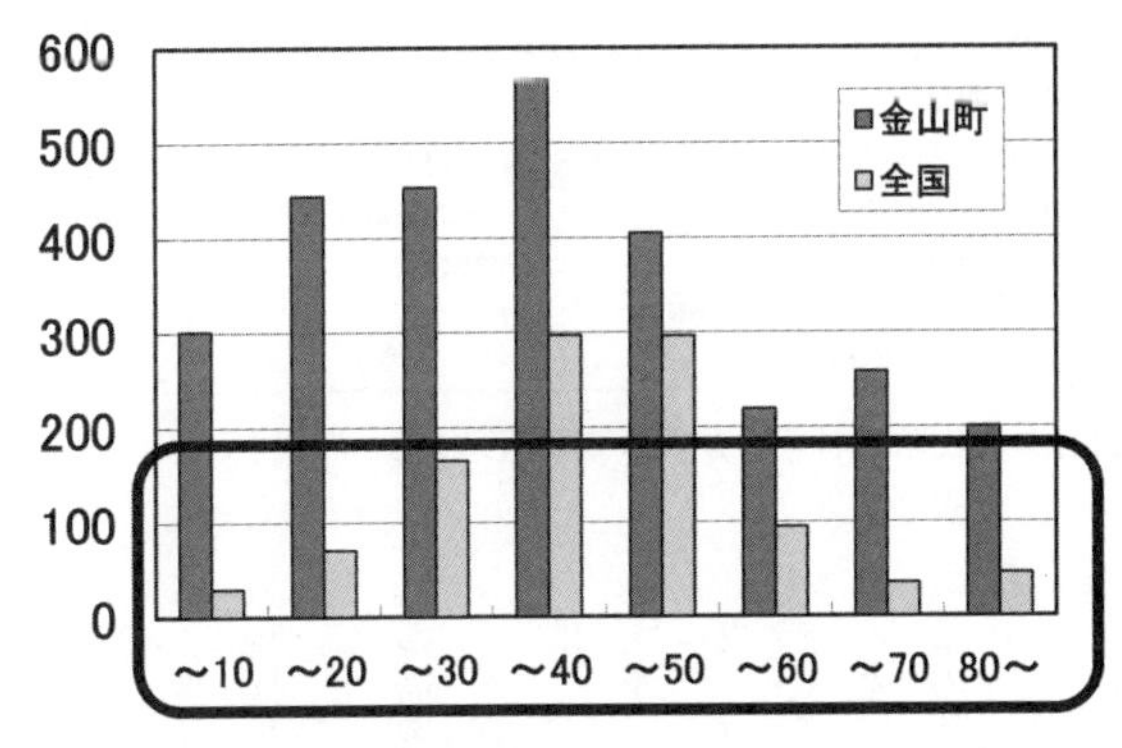

図1　人工林の齢級別資源状況（全国は構成割合として表示）
枠で囲んだ部分が緩やかな法正林化した蓄積を示す。

金山町の森林・林業を取り巻く状況

金山町の林業は、東北日本海側の雪深い気候により、長伐期大径木生産を目標林型として施業体系を構築し、80年生を適正な伐期として森林整備を行い、現在、新植から80年生以上の高齢級林分まで各齢級150～200haの単位で法正林化された資源構成を実現しています（図1）。

当森林組合では、かねてより森林整備を行う上で、森林の取り扱いを経営面（所有と経営）と林分の保続という、2つの視点から考えています（図2）。

経営面の課題では、他地域と同様、森林所有者の経営意欲の低下、森林情報の散逸、所有者不明等、所有権にまでかかわる課題が山積しており、森林情報の更新と取得に加え一元化が重要となっていま

金山町森林組合が行う森林管理の２つの視点

①経営の問題

・所有と経営の整理

・森林情報の整理

②林分の問題

・持続可能な森林資源の保続

・木材の安定供給体制

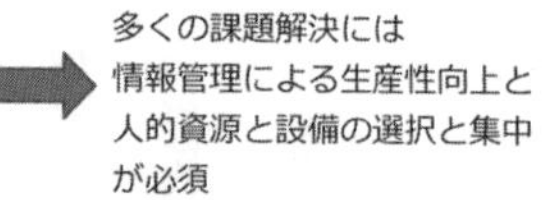

図2　金山町森林組合が行う森林管理の2つの視点

す。

林分の保続という問題では、山形県が林業の成長産業化を図るために主要施策として推進する「やまがた森林(モリ)ノミクス」の成果により、大規模集成材工場の誘致と地元資本による木質バイオマス発電施設が稼働し、新たな木材需要として、これまでの山形県の木材供給量の２倍の需要が創出され、山形県の森林・林業にとって追い風が吹いており、安定した木材の供給体制の早急な整備が必要とされています。

また、持続可能な森林資源を実現するためには、造林、保育、間伐、主伐等、森林整備に資する多様な技術と知識を有する多能工な人材が必要であり、担い手の育成面で金山林業の主体である持続可能な法正状態の森林資源の保続が果たして成し得るのかという心配を常に抱えることになりました。

この状況の中、私たち地域の森林組合には大きな期待が寄せられる反面、これまで私たちが実施してきた森林管理技術及び生産技術では、森林の経済的価値の一層の向上と、持続可能な森林資源の保続の両立という生産性の向上に向けた課題への対応がより難しくなり、業務全体のやり方を大きく変えていくことが必須となっていきました。

　そして、全体生産性向上に向けた新しい技術の導入を模索している中で、森林・林業分野で期待値が高く、最も伸びしろがあると感じたＩＣＴ技術を導入することとし、森林の情報基盤整備として航空レーザ計測の実施を検討しました。

航空レーザ計測データの導入と活用

　航空レーザ計測データの導入は、金山町森林組合が２０１４（平成26）年度の農林中央金庫「森力事業」の採択により支援を受け、２０１５（平成27）年に約２２５０ha、翌28年に金山町の単独事業により約３５００ha、計５７５０haの民有林の計測を行いました。

　航空レーザ計測の特徴として、航空機により広範囲な計測を行うので、林地に加え農地、市街地も計測されるため、当初、予定のなかった農地、市街地も詳細な地形が明らかになりました。現在、金山町の民有地がすべて航空レーザデータにより統一した地形データとして整備され、林内の搬出経路だけでなく、大型トラックの輸送経路の検討などロジスティックの面でも

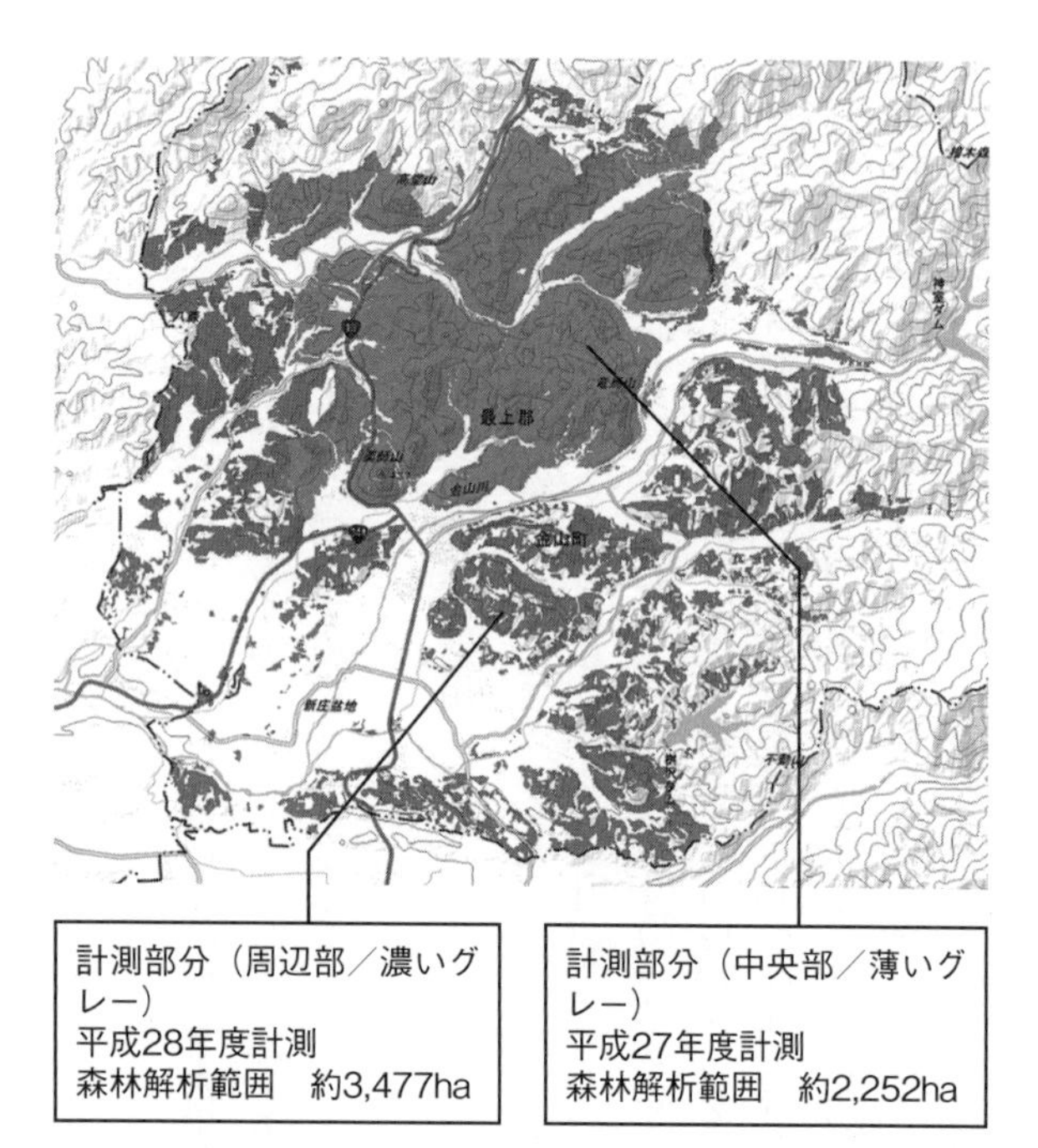

計測部分（周辺部／濃いグレー）
平成28年度計測
森林解析範囲　約3,477ha

計測部分（中央部／薄いグレー）
平成27年度計測
森林解析範囲　約2,252ha

図3　金山町内民有地の航空レーザ解析範囲

活用できることとなりました。

　整備した地形情報・森林情報を広く利用するため、金山町森林組合の「森力事業」の成果と金山町の事業による成果を相互利用が図れるよう協定を結び、森林所有者や地籍など属性情報については、林地台帳のデータを森林簿へ移行し、森林組合および行政機関がＧＩＳ上で運用することにより、関係者全員が情報を共有できるように整備して

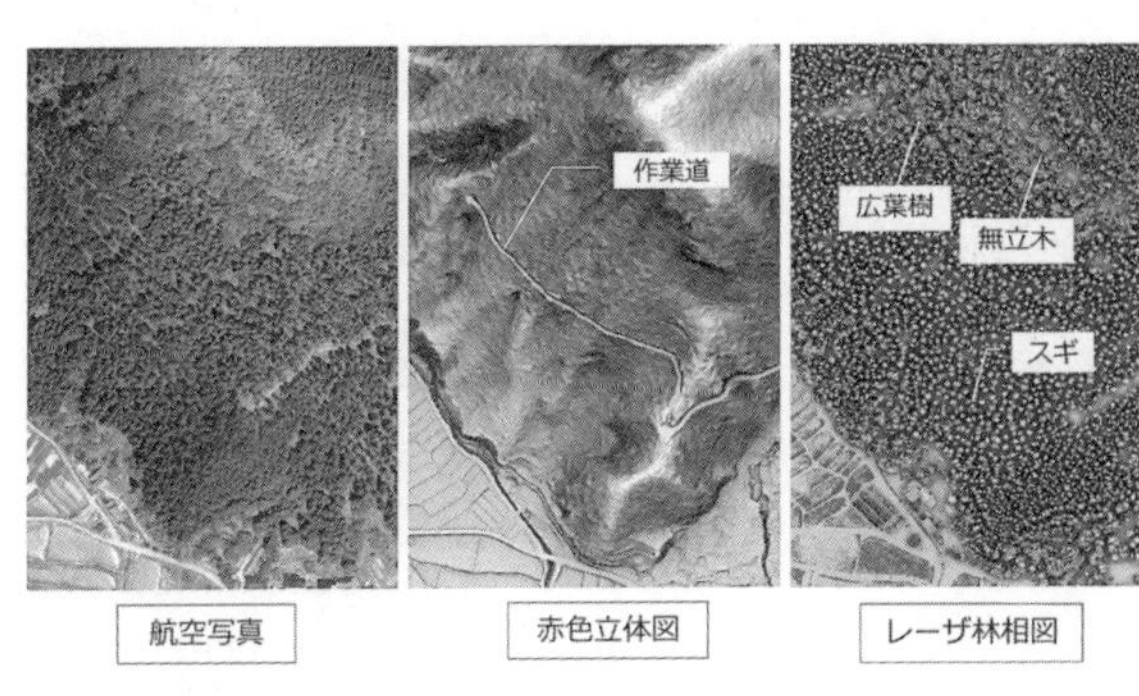

図４　航空レーザ計測により３種類のデータを整備（２Dから３Dへの情報転換）

います（図３）。

航空レーザ計測による整備

これまでのＧＩＳ上で運用していた地図は、縦横の２Ｄデータを基に等高線等による高さデータを読み取るものですが、点群情報によるデジタル地図は、高い精度の縦・横・高さの位置情報が格納され、３Ｄの空間情報としてＧＩＳの本来の機能をさらに活用できることとなりました。

整備データとして、現況を把握するデジタルオルソ、地形情報を精緻に表現する赤色立体図、地上物件である林木の状況をより分かりやすく可視化したレーザ林相図があります（図４）。これら3種類のデータを重ね合わせ、森林の現況を見える化し、その精緻な空間情報を基盤と

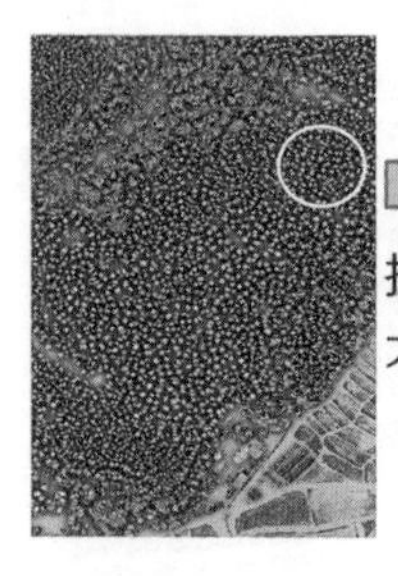

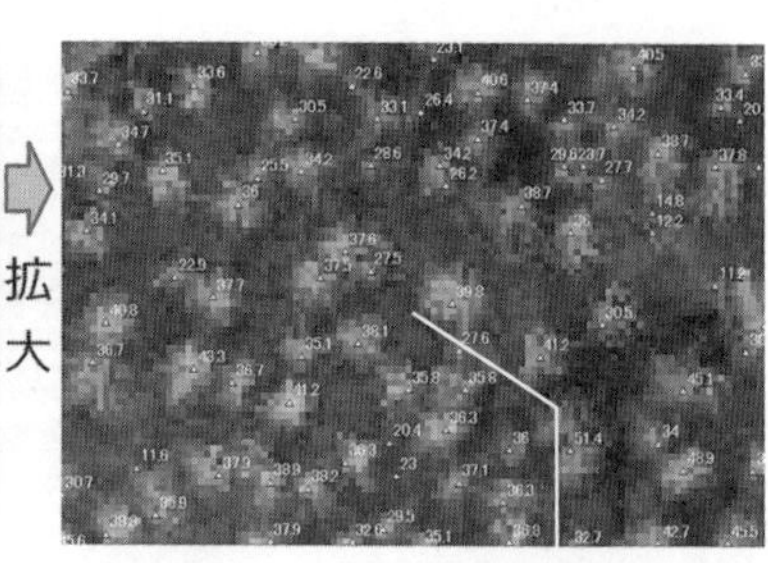

図５　精度検証

樹高で1.2m、胸高直径２cm、本数で1.5本／400㎡の誤差

して様々なシミュレーションを行うことができるようになりました（図４、５）。

現在、当組合では森林整備、路網開設、木材生産等の事業計画に、金山町では森林整備計画等の検討にこの情報を活用しています。

森林空間情報の森林整備における活用

当地域は積雪地帯であり、微小な地形の差がスギの成長に大きな影響を与えるため、スギの適地判定は持続可能な木材生産を図る上で重要です。そのため、当組合では施業の集約対象となる一定の区域に対して「天然林・天然生林・経済林」の３区分のゾーニングを実施して集約化を図るとともに、施業対象林分を明確にしてきました（図６）。

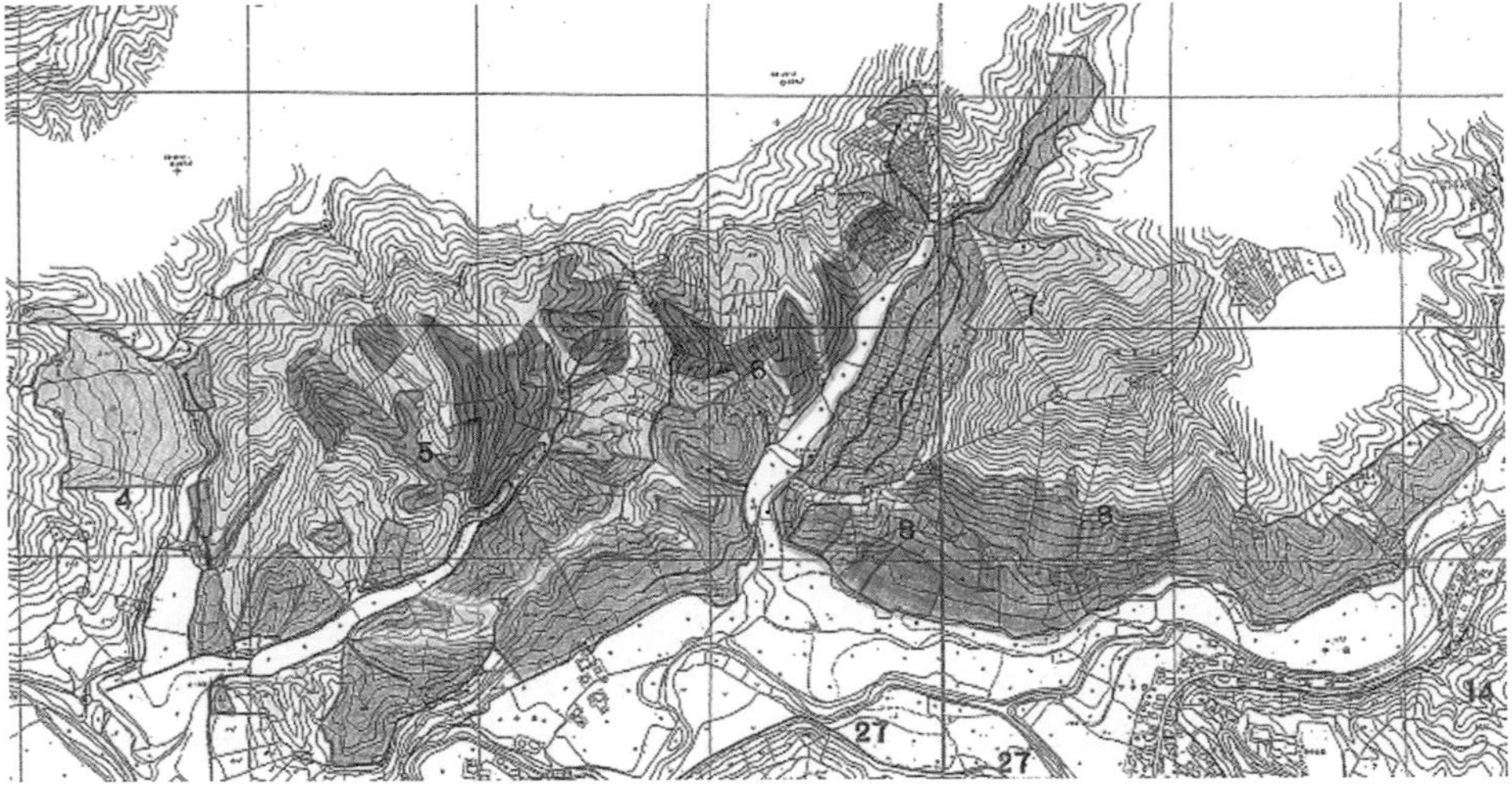

図6　従来の手法によるハード事業対象地のゾーニング
森林簿の情報によるゾーニングは広範な計画においては有用であったが、実際の施業実施にあたって踏査する必要があった。

航空レーザ計測データによって筆ごとの植生が可視化され、より正確なゾーニングと、対象となる整備面積の正確な把握、広葉樹林帯や渓畔林等の環境保全に寄与する林木の範囲、作業において注意を払うべき家屋や構築物の有無や正確な位置を現場技術者とあらかじめ共有することにより、より正確・丁寧な作業と現場作業の効率化が図られています（図7）。

また、事業計画の立案では間伐の優先度を決める際に、所有林別にスギの樹頂点より収量比数（Ry）や相対幹距比（Sr）等の密度管理の指標となるデータを作成し、Ry＝0・7以上、Sr＝17以下のスギ林分などを荒廃が懸念される林分として抽出し、優先的に作業を実施しています（図8）。

森林の健全性を客観的な指標として数値化することで森林整備の優先順位が選択できるようになり、これまでの経験や主観的な判断に多くを頼る計画策定を科学的かつ客観的に行うことができるようになりました。このようにゾーニングと林分の状況を数値化することで、職員が客観的な指標を基に集約化計画の立案や施業の判断をすることが可能となりました。

今後、地域及び事業体の限られた資産である人材と設備が適切に選択された優先順位に基づき、合理的に森林へ投下されることによる地域林業の全体生産性の向上が期待されています。

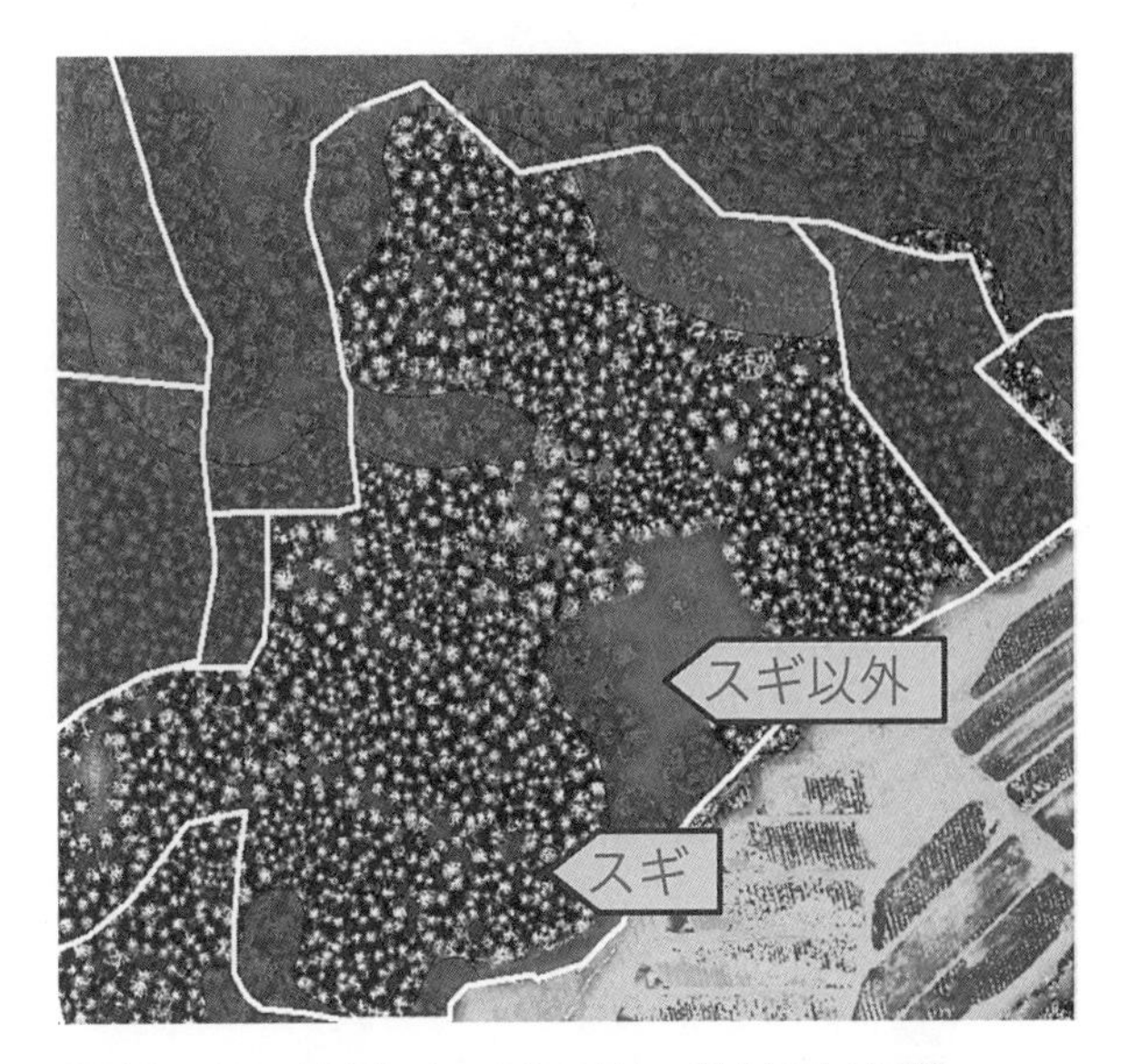

①従来の小班（白枠）内でさらに細かい林相区分が可能。
小班によらないゾーニングも可。

②スギは本数・樹高・材積の集計が可能であり、資源量の把握が可能になった。

③路網・人家・河川などの距離、各小班の傾斜・標高など細かい条件も考慮したゾーニングが可。

各林分の具体的かつ詳細な目標林型と配置が可能となり、施業の実施段階における機能区分への配慮が期待される。

図7　デジタル森林情報を使用したゾーニング

Ry=0.7以上　Sr=17以下

Ry=0.6以上0.7未満　Sr=17以下

上記以外

平成28年度実施の施業対象地の検証

スギの林相ごとの樹頂点より
収量比数（*Ry*）や
相対幹距比（*Sr*）などの密度の
指標となるデータを作成

うち、*Ry*＝0.7以上、*Sr*＝17以下のスギ林分を荒廃が懸念される林分として抽出

　従来の調査により再生が必要な森林と航空レーザ計測の解析データによる結果が一致した。
　広域な計測結果は、地域の森林が健全かどうか健康診断が可能となる。

図８　荒廃森林の抽出

路網及び作業システムのシミュレーション

　これまでの路網開設にかかわる踏査、選定は、図上での計画、初回の現地踏査の段階で等高線等の高低差の錯誤や森林簿上の林分情報の錯誤等により、あらためて現地踏査や路線選定を行うなど、計画段階から施工まで手戻りのある工程を余儀なくされることも少なくありませんでした。

　現在では、赤色立体図等により地形を正確に可視化できたことで、精度が低い状態で行ってきた路網のシミュレーションがより実際のルート選定に近づけるものとなり、これまでのルート選定におけるプランナーやフォレストリーダー等の技術者による踏査が大幅に省力化されています。

　次に施業方法の選択として、当組合はすべて車両系機械による集材を行っておりますが、路網からの集材距離を作業負荷と経済効率性の観点から30ｍ程度とし、その範囲をＧＩＳ上で設定しつつ林木の位置情報を併せることで、木材搬出を行う上での費用対効果による優位性を判定しています。

　また、スギのすべての樹木情報と地形から、立地条件と成長度合いを判定し、例えば尾根に

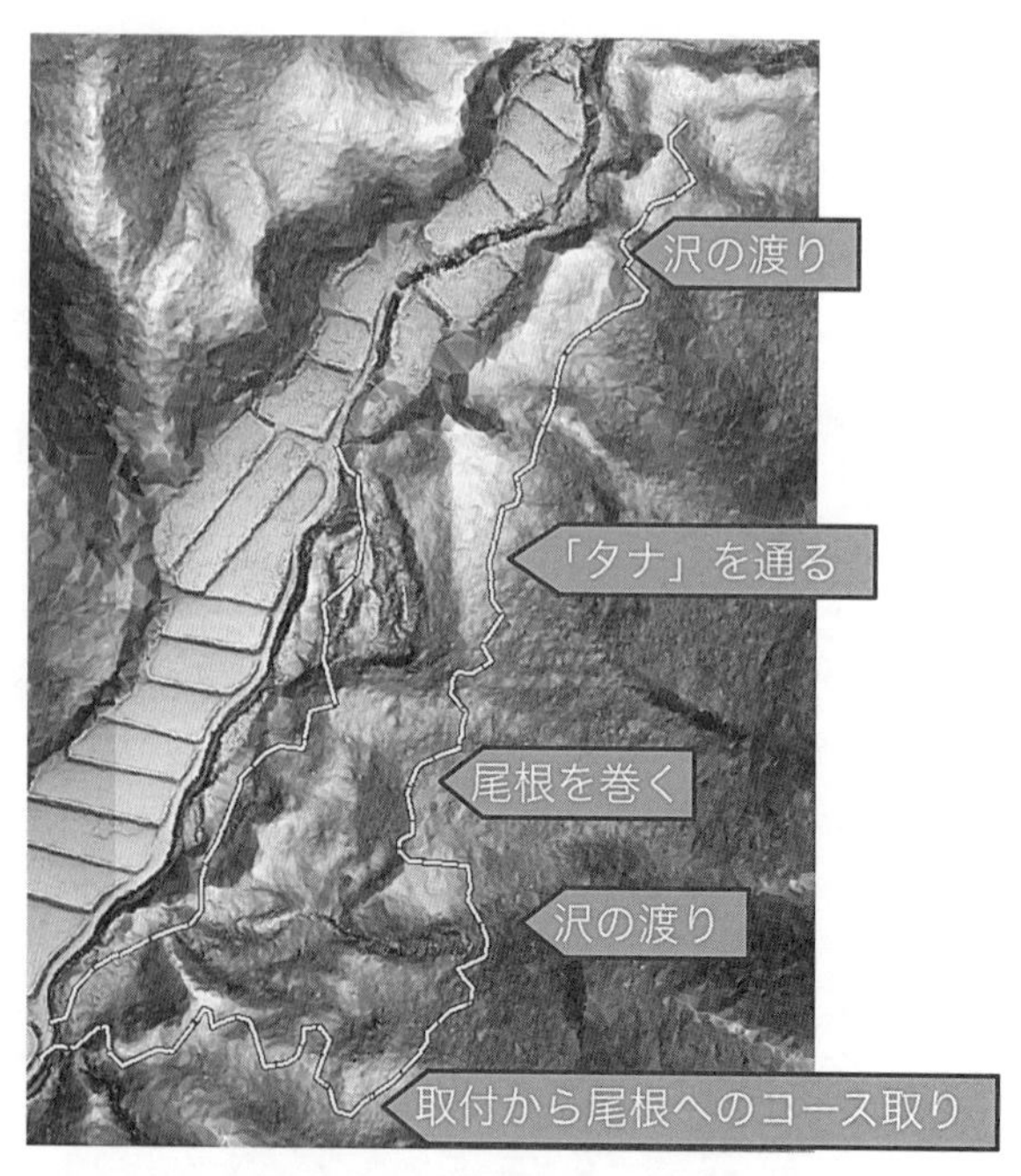

現地および机上で赤色立体図を基に路網の線形を検討

※等高線図では把握できない沢・尾根を把握
※草などで視界が邪魔されず確認が可能

精緻な地形が可視化されることによりプランナーと現場技術者の情報共有化が容易になり、具体的な計画策定となった。

3次元データを基に等高線図を作成することによって、より情報を可視化することも実施

路網計画の考え方を可視化し、保存することによって、プランナーやオペレータの育成と技術向上に向けた活用に期待できる。

図9　路網の検討

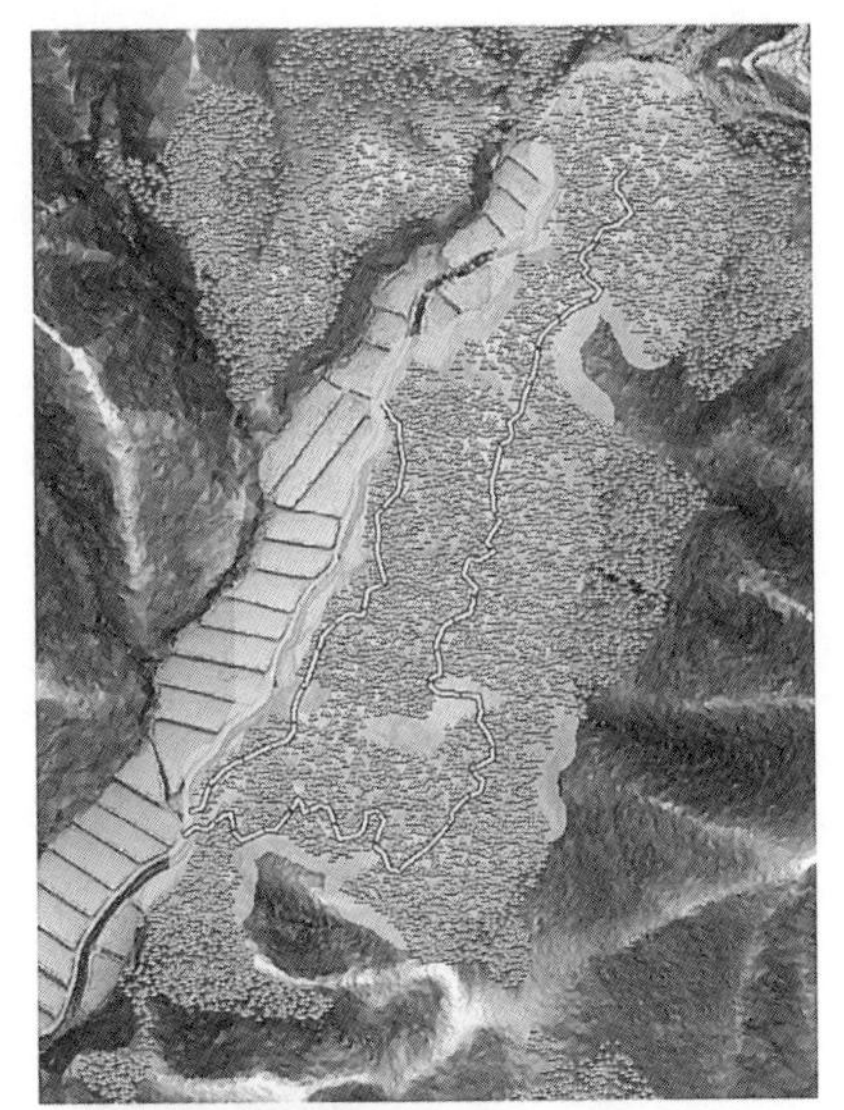

路網計画の集材範囲に入る
スギの本数は3,901本

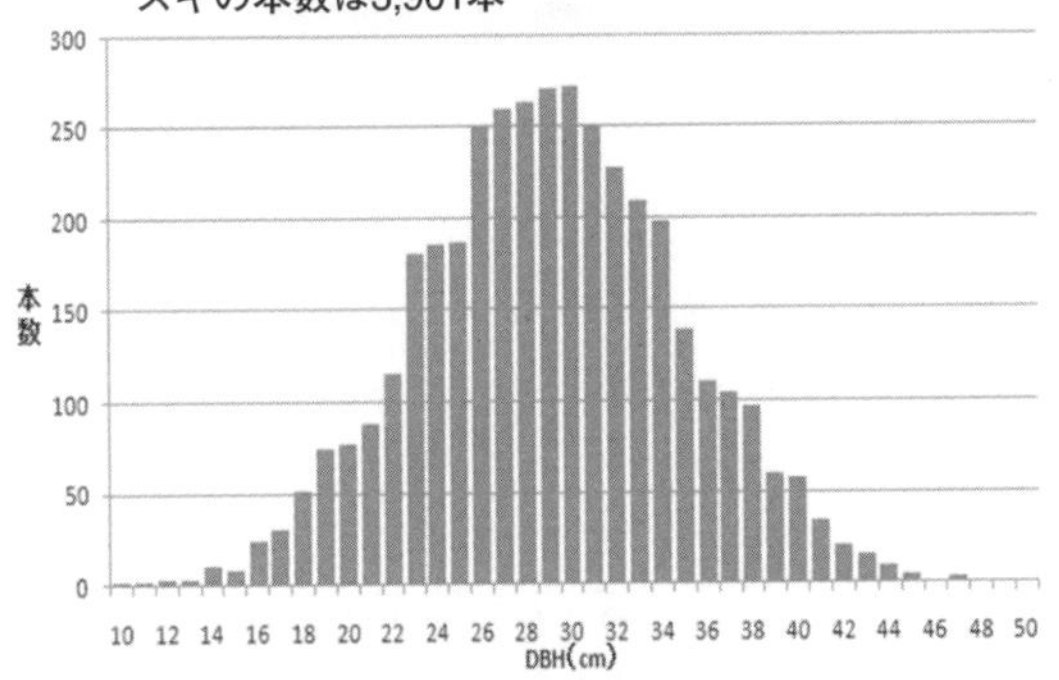

樹高・直径により搬出量の計算可能。間伐方法の違い、需要による採材も考慮して生産量を予測。

図10　木材生産量の検討

写真1　路網踏査・境界確認

近く、土壌環境が山裾に比べ良好でないエリアは将来の林種転換を考慮した強度の間伐を行うなど、従来一律であった施業方法から林分の条件や林木の成長に合わせた施業を行えるようになっています。

これらの取り組みを通じ、2019（平成31）年度から始まった「森林経営管理制度」では、林分の経済性の判定を通して、意欲ある林業事業体が管理すべき森林か公的な関与が必要な林分であるかの判定を行うことができると考え、町全域で林分の経済性につい

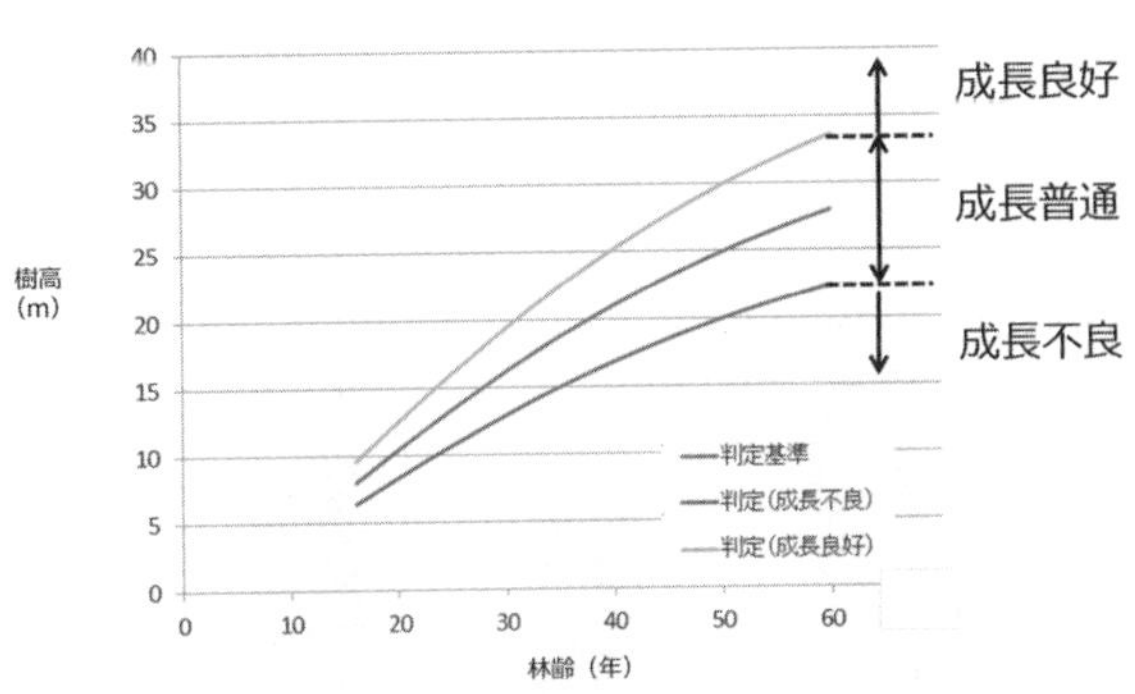

図11　金山スギ地位指数曲線（案）
林分情報の作成と補完

てのゾーニング（木材生産力ゾーニング）を改めて行っており、金山町では、今後の森林環境譲与税にかかわる施策に反映させていく方針としています（写真1、図9、10）。

木材生産力ゾーニング

木材生産及び需要に対応するための情報活用として、目標林型を設定し、各林分の成長の差から将来の木材生産量や用途区分が異なる木材生産力ゾーニングを実施しています。

この作業は、航空レーザ計測データを基に算出した地位指数を基盤として、成長の差を単木で表し、間伐時の用途別生産等に活用が可能か比較検討するものです。

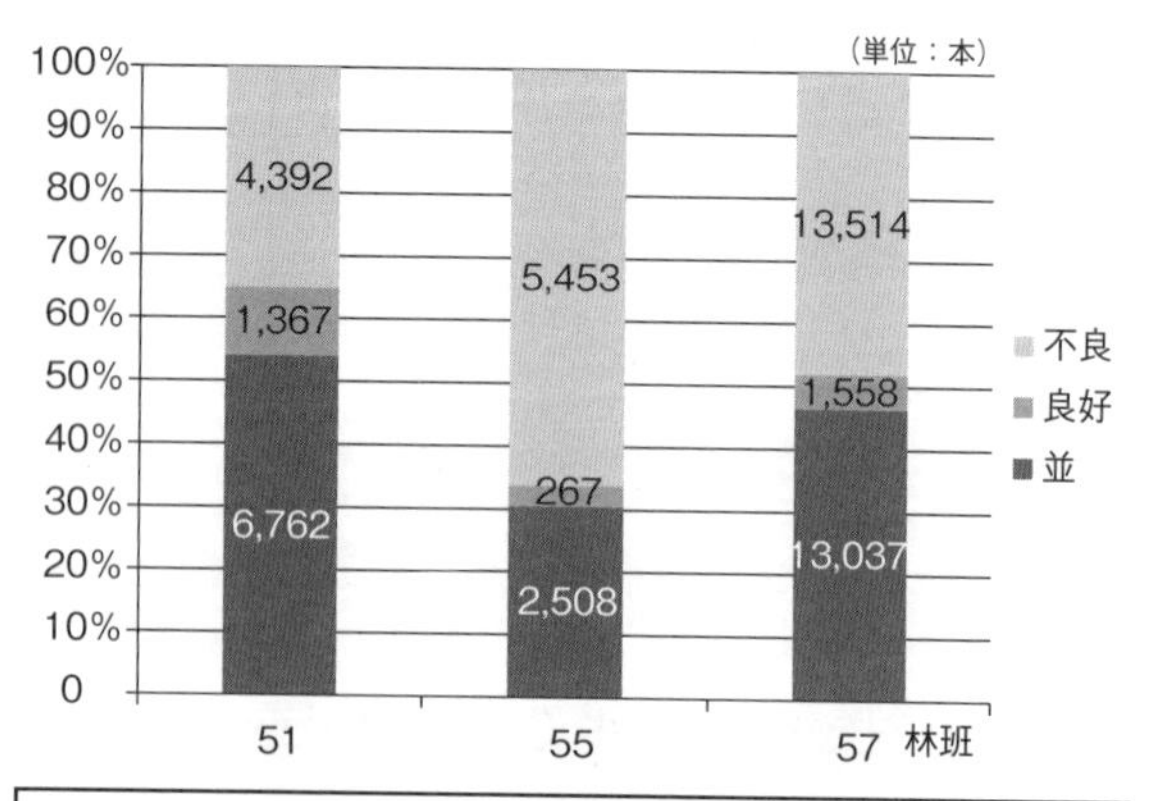

51林班	並＋優良スギが全体の65%・路網密度疎＝「金山杉」生産林として整備 ※弱度多間伐、長伐期施業、枝打ちの強化、路網敷設は最小限

55林班	並＋優良スギが全体の35%・路網密度疎＝B材～バイオマス材生産目標 ※再造林の適否を検討。強度間伐を行い混交林化の検討

57林班	並＋優良スギが全体の55%・路網密度密＝B材中心の生産目標 ※高密路を生かした機械化林業を実践、優良地は枝打ち実施

図12　各林班の成長区分の割合（グラフ内は本数）
林分状況の数値化による生産力判定

しかし、レーザ計測データは、現況をスキャンした空間データであり、正確な林齢を知ることができません。そこで森林組合の１９７２（昭和47）年から現在までの造林台帳を確認し、記載のあった２３１６筆と森林デジタルデータとの整合を行い、その内、約１６０ha、11万９７８０本のスギのデータより地位指数を作成しました。

このデータをすべてのスギに当てはめ、所有者別に良好、並材、不良の３区分に各林木を区分した表を作成しました。これにより、３区分された成長度合いの割合が可視化され、間伐により生産されるA、B、C材の割合の見当がつくようになり、用途別の生産計画の作成に活用できることとなりました。このデータは施業の集約化を行う上で、用途別生産量、販売額等の概ねの計画の根拠として使用しています。

また、成長曲線の把握は樹木の将来の材積を計算できることから、持続可能な森林管理に向け、適正な伐採量の把握にも利用しています（図11、12）

木材生産量予測

精度の高い資源情報は、木材生産量予測にも使用可能です。最初の試験地として３・３haの皆伐地を設定し、伐根から梢の木質バイオマス利用が可能な幹部分を丁寧に集材搬出した結果、全体の差異が9・6㎥となり、ha当たりの生産量予測と実績の差が3㎥程度に収まりました。

現在、数カ所の皆伐データを比較していますが、ha当たりの生産量予測と実績の差が最大で10㎥程度に収まり、特に地形条件の良い作業が容易な皆伐現場においては、信頼できるデータとして活用しています。

間伐では、生産量予測と実績の乖離（かいり）が大きく、原因として技術者による選木の個人差と集材における搬出歩留による影響から搬出材積が左右されると考えられ、今後は作業の標準化や作業システム、使用する機械の種類や規格別にデータを検証し、予測精度を向上させることにより、生産量予測の精度を上げられると考えています。

汎用デバイスの活用

航空レーザ計測等による森林情報のデジタル化は、これまで使用していた機器や道具を汎用のデジタルデバイスに置き換えられることが可能となりました。現在販売されているタブレットやスマートフォンは衛星による位置情報を取得でき、ＭＰＵ（ジャイロ）等の傾斜センサー

航空レーザデータに
様々な汎用デバイスを組み合わせ、日常業務に活用。
新しい森林管理の手段として活用を。

タブレット

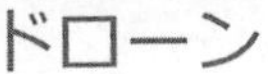

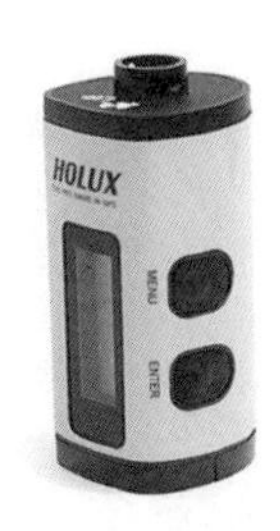

GPSロガー

ベテランと【Same】（おなじ）ではないが【Near】（ちかい）の仕事が可能！
＝人員配置の自由度が高まり、生産性の向上が期待できる。

図13　汎用デバイスの活用

現地位置情報
写真・数量メモ
送信

タブレット端末を用いて
データ収集、共有を実施
森林GISとの相互連携により
労務管理、収集管理を実施

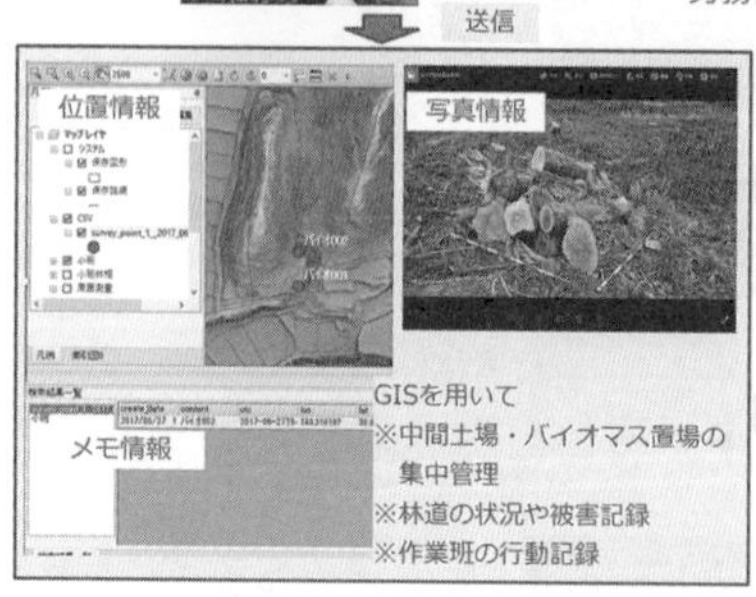

図14　タブレット端末の活用

レーザ計測後のデータ補完として
ドローンによる林地の更新情報の把握
【作業路線形・作業計画・林分の配置】

図15　ドローンの活用

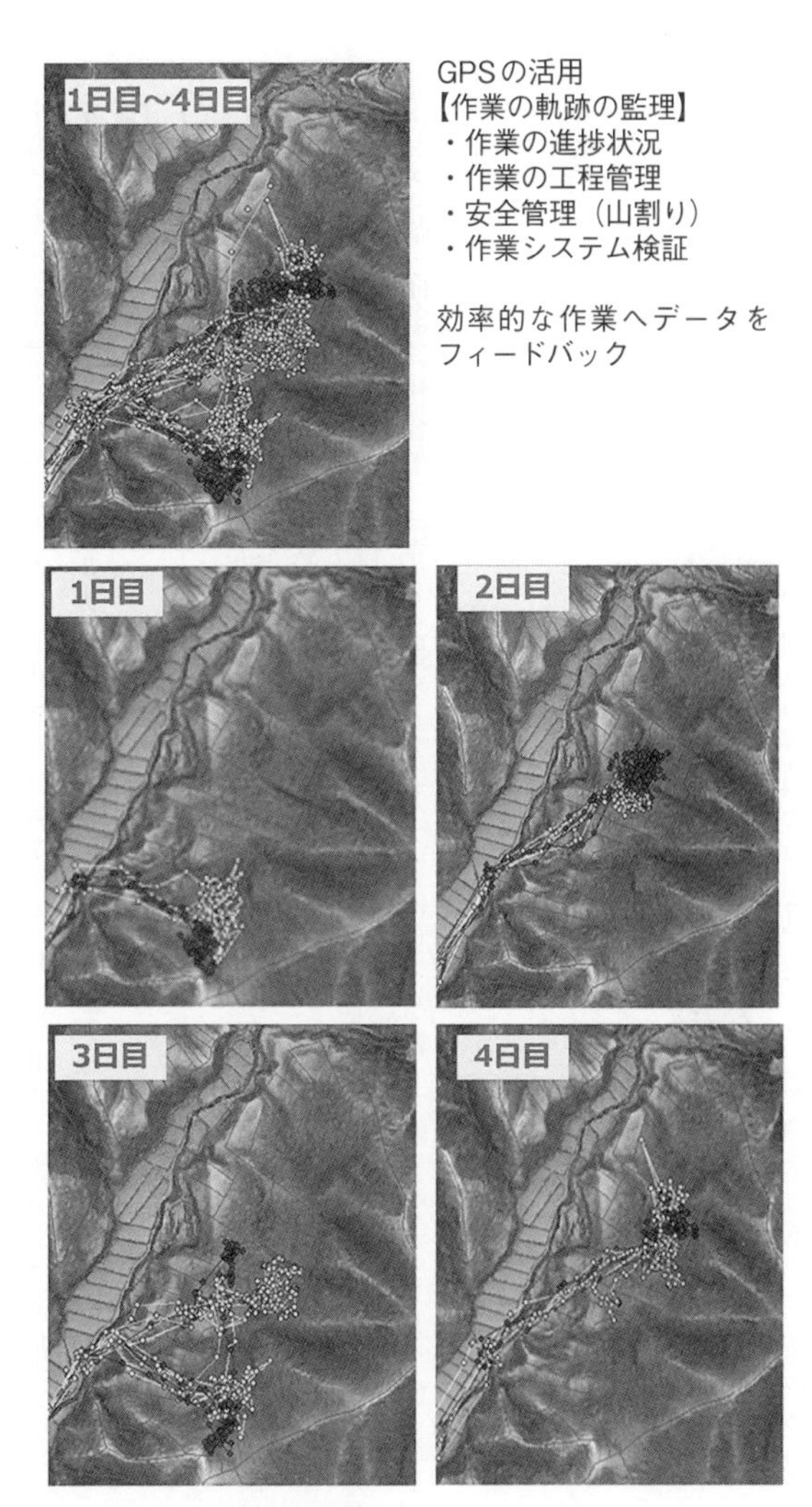

図16　GPSによる作業管理

も装備されております。また、高画質のデジタルカメラは、静止画や動画にも対応していることから、専用のＰＤＡやデジタルカメラ、その他の端末に代わることができ、かつ安価に手に入れることが可能です。

当組合では、デジタルオルソ、赤色立体図、レーザ林相図のレーザデータによるデータをタブレット、スマートフォンに格納して使用し、現在位置情報を加えた境界の確認や、画像解析アプリによるはい積み等の材積管理などに利用しています。

また、近年はＵＡＶの活用にも力を入れており、皆伐時や下刈り等の作業状況の把握や災害発生時の状況確認に積極的に活用し、撮影したデータはＧＩＳにフィードバックしています（図13、14、15、16）。

今後の課題

このように当町における航空レーザデータを基盤とした各種活用は、森林計画や管理・整備にかかわる各業務に利用され始めており、業務の効率化につながり始めています。

また、これまでの取り組みから、今後の課題として見えてきたものを以下の①から④にまとめました。

①森林の情報整理

先進国林業の中でも日本の森林情報は森林簿をはじめ詳細であると聞いています。現在、紙で保管されている森林情報や個人の記憶にとどめられている情報を航空レーザ等による森林のビッグデータに加えていけるように整理しデジタル化していけるかが今後の情報基盤整備の要となっていくと考えています。また、レーザ計測技術によるLiDARデータは、縦、横、高さの３D情報でしかないため、林齢や植年、施業履歴等の時間にかかわる情報の整理確認を行うことによって、森林ビックデータが精緻な４D情報となり、将来のＡＩの活用において大きな効果も期待できることとなります。時間と人手のコストをどのように捻出していけるかが課題となっています。

②専門技術者の確保

森林情報がビッグデータ化し、ＩＣＴ技術により活用が進む上で、森林・林業の業界においてシステムエンジニアをいかに呼び込めるかが大きな課題であると考えられます。ＩＣＴ技術を日常の業務に活用を広げるには誰もが容易に使える汎用デバイスとヒューマンインターフェースが必須であるため、林業施策に沿った需要や多くの林業者に普及することによるICT技術を必要とするマーケットの創出と拡大が喫緊の課題と考えられます。

また、ICT林業が一定程度の普及を見ることができた後には、森林ビックデータのより高度な解析を行うことのできる「森林に特化したデータアナリストやデータサイエンティスト」に類する新たな役割を担う人材が必要となると考えられ、開発から活用に至る産官学の連携が期待されます。

③デジタル情報整備、更新コスト
ICTを活用した林業の情報インフラとなる航空レーザ計測等のイニシャルコストは、高価になることは否めないため、情報インフラへの投資としてコストを整理し、定額リースや繰り延べ資産に類する減価償却の対象にする等、新規導入や更新時のコスト負担を複数年に分散し、事業体等のコスト負担を軽減するファイナンスの面での工夫が必要と考えられます。

④コミュニケーション教育
森林データの整備とICT技術を活用の目的は、チームで情報を共有し、その情報を基にコ

ミュニケーションを円滑に行い、仕事やプロジェクトを効率的に進めていくことであるため、それらを運用する組織、人材の能力等が重要となることから、共有すべき情報のインフォメーションの方法やコミュニケーションスキルに対する教育も必須の要件であると考えています。

さいごに

林業のＩＣＴ化は、他の業種と同様に「ベテランと同じ（same）ではないけれど、近い（near）仕事が可能」となることが最大の成果です。これによって、人材の配置の自由度が生まれるとともに、共有すべき情報に簡単にアクセスでき、より便利なコミュニケーションが可能になる仕事環境を提供することにより、全体生産性が向上することと考えています。

今後、ＩＣＴやＩｏＴの技術が林業で積極的に活用されるようになった後、ＡＩを活用したより省力、省人化が進むことが予想されます。それによって、林業にかかわる人材が、より多く森林の現場へ向かえるようになることが最上・金山地域の林業成長産業化の最終目標と考えているところです。

スマート林業構築で熊本県人吉球磨地域の新たな林業を創出

熊本県・くま中央森林組合主任技師
眞鍋豊宏

くま中央森林組合の管轄エリア
人吉市、錦町、あさぎり町、山江村

スマート林業構想を導入した背景（地域課題と経緯）

私が所属しているくま中央森林組合の管轄する人吉球磨地方は、熊本県の最南端に位置し、宮崎、鹿児島の両県に隣接しており、九州山地の山々に囲まれた盆地です。管内の総面積5万7634haのうち森林が4万2016ha（約73％）を占め、森林面積のうち、民有林が3万9950ha、そのうち人工林が

2万3364ha、人工林率が約75％となっています。

熊本県内でも昔から林業が盛んに行われてきた地域であり、他の地域に比べてヒノキ林が多いのが特徴となっています。地域内に5つの木材市場があり、年間41万㎥の原木を取り扱っているほか、製材所についても、2008（平成20）年度から年間原木消費量10万㎥の大規模工場が稼働しています。

地域の林業が抱える問題点として、全国と同様に、戦後植栽された人工林が標準伐期齢を迎える中において、1つは近年、宮崎県、鹿児島県を含む近隣地域に木質バイオマス発電施設が多数立地されていること、もう1つは木材の輸出量が盛んになりつつある状況にあると同時に主伐地も増加傾向にある中で、略奪的に森林資源が消費される恐れが高くなるため、森林の多面的機能を低下させないためにも、長期的視点に立った森林経営・森林管理を進める必要があるということです。

しかしながら、相続によって新たに森林所有者となった方が増えている中、不在村化が進行し、所有する山林の現地を見たこともなく、森林に関する意欲もない方が増えています。森林を所有し管理することで得られる収益が以前よりも減っていることや、間伐や全伐後植栽した山林がすぐにシカやウサギによる食害や剥皮被害を受けてしまうことが増加していることから所有者の森林経営意欲減退につながっていることなどが問題として挙げられています。

また、新たな森林管理制度（森林経営管理制度）がスタートし、地方行政、ならびに森林組合を含めた林業事業体の与えられる役割は大きくなっていく状況です。管内行政における課題としては、林務関係職員の不足、林地台帳の整備、地場産業としての林業振興のほか、各市町村が管理する公有林が財産区有林を含めると計７０００ha余りあるため、その公有林の長期的な視点からの適切な管理方法も大切な課題となっています。

一方、森林組合の課題として、当組合は２０１６（平成28）年10月に管内３組合による広域合併を行い、再スタートを切った中で、それまでの体制を見つめ直し、職員の高齢化と担当職員の経験則任せになっていた煩雑な業務の整理と効率化・見える化、県や市町村との情報共有・連携の円滑化、新しい販路の確立・再構築などが求められています。

また、慢性的な林業の担い手不足の中での人材確保・人材育成が叫ばれている中、最小限の職員・作業員で最大限の利益を得て、森林所有者へ利益を還元していくことで、森林経営への意欲を復活させることができないかと勘案してきました。その１つの方法として、航空レーザ計測をはじめとしたＩＣＴなどの新しい技術を積極的に取り入れることで、組合、行政だけでなく、川上・川中・川下の地域のステークホルダーを巻き込んでの従来のシステムを変える取り組みを始めました。

人吉市のスマート林業構想内容

(1) 目的

管内民有林において航空レーザ計測を行い、取得した森林に関する高精度基盤情報を森林ＧＩＳに搭載するのと同時に、クラウドＧＩＳにて整備することで情報の共有化を図り、現場運用システム（現場でのあらゆる情報を位置情報とひも付けて管理するシステム）、木材ＳＣＭシステム（木材の需給情報を、インターネットを介してやりとりするシステム）を構築して連携することにより、需給のマッチングの効率化、施業計画立案の効率化、現場進捗（素材生産量）の管理、流通改革を実現することを目的としています。

具体的には、集材方法、路網作設方法の効率化、製材所への直送等流通システムの見直しなどを行い、生産・流通段階のトータルコストを搬出材１㎥当たり１０００円～２０００円削減し、森林所有者へ還元できる仕組みの構築を目指しています。

(2)事業内容

①森林情報の高度化・共有化

航空レーザ計測による高精度地盤情報（詳細地形表現図、1m間隔の等高線等）と林分の森林資源情報（面積、樹木本数、平均樹高、材積、立木密度等）、単木レベルの森林資源情報（位置、樹高、材積等）を取得し、各所の所有する森林GIS、森林クラウドやスマートフォン・タブレット端末用アプリの基礎情報として格納します。スマートフォン・タブレット端末用アプリで取得した位置情報付きの現場のリアルタイム情報（写真を含めた施業地情報、携帯電話通話可能ポイント、獣害・自然災害情報等）はクラウドで共有可能となっており、現地に行かなくても関係者で共有することができます。

②施業集約化の効率化・省力化

航空レーザ計測により得られたデータを用いてゾーニングを行い、経済林としてその森林所有者へアプローチする施業集約団地の特定と実際に施業を実施するまでにかかる手続きの効率性の変化について検証を行います。また、取得データを基礎にした小班ごとの樹種、面積、蓄積等を活用したよりリアルに近い森林経営計画を作成し、従来の計画作成方法との比較と計画

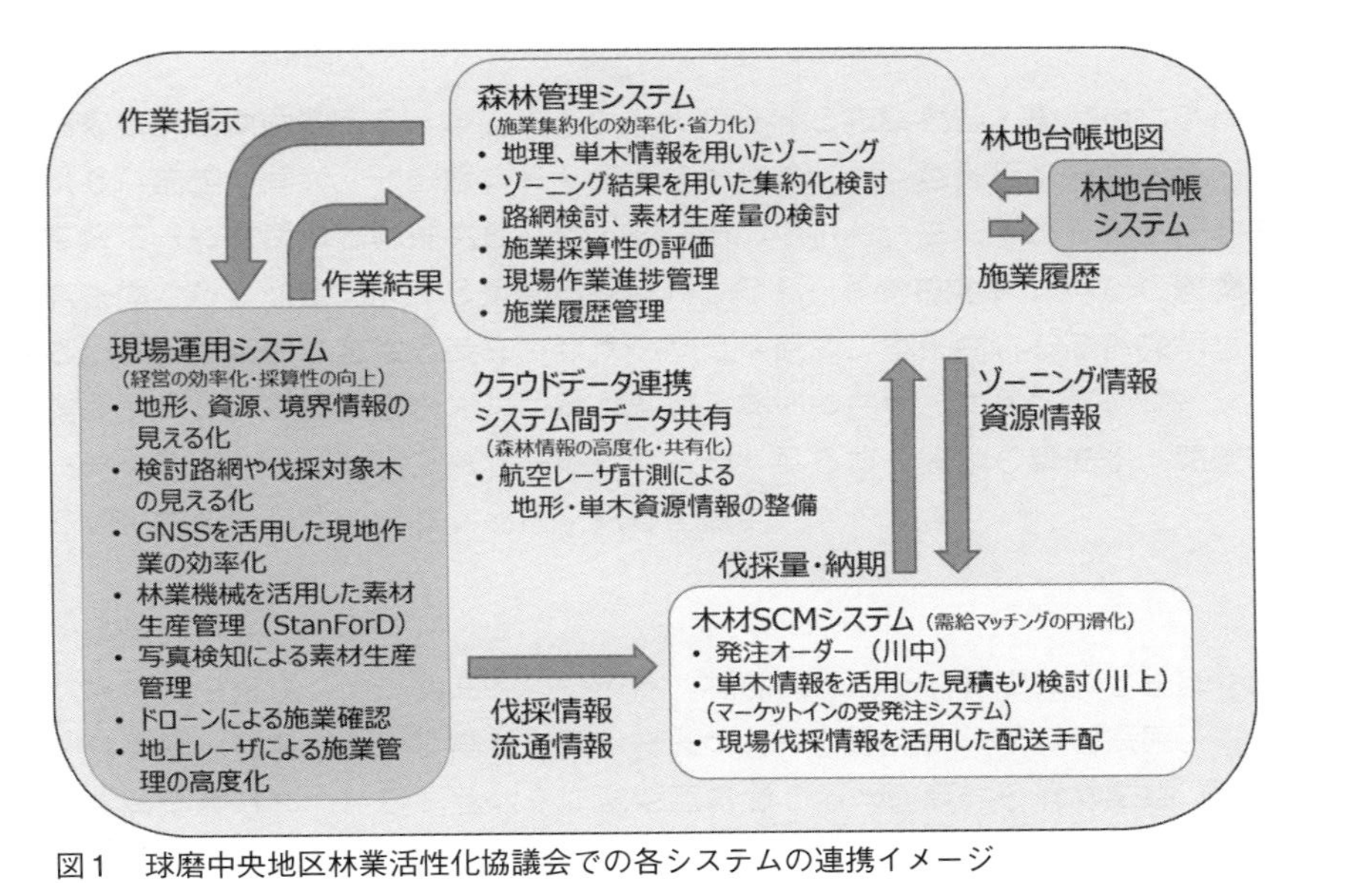

図1　球磨中央地区林業活性化協議会での各システムの連携イメージ

の見直しを検討します。

一方、森林所有者に対しての説明会や戸別訪問においても、既存の森林情報（航空写真、森林基本図、森林簿）に加えて、詳細地形図、単木レベルの森林データ、鳥瞰図、全天球カメラを利用したＶＲゴーグルなどを利用することで、施業に対して森林所有者の理解を得る手助けとなるかを確認します。

③経営の効率化・省力化と需給マッチングの円滑化

解析データを利用することで、素材生産の見積もり時の毎木調査の費用や、路網検討時の踏査費用を縮減します。現場情報をアプリで管理して見える化し、ＵＡＶ（ドローン）での施業管理を含め、リアルタイム情報の取得・共有を行いながら、効率化について検証します。

また、従来行っていた製材所への直送の検収について、写真検知アプリでの素材情報取得を行い、手作業による検収との効率化の比較・検証を行います。川上・川中・川下の流通に関する現況を改めて把握し直し、大型製材所への直送を含めたより効率的な素材生産・流通体制について、価格面、品質管理面のメリット、デメリット等の情報整理・検証を行います。

(3) 実施体制

取り組みを行う主体として、球磨中央地区林業活性化協議会（図1）を設立し、人吉市、錦町、あさぎり町、山江村の各首長をはじめ、森林組合、素材生産業者、苗木業者、木材市場、製材所、鹿児島大学、熊本県を構成員とし、オブザーバーに熊本南部森林管理署を迎え、事務局を人吉市役所に置いています。

(4) 導入した林業ICT技術の紹介（導入した各技術の内容と導入効果）

①森林クラウドシステム

今回の取り組みの核を成すのが森林クラウドシステムです。従来、森林組合や事業体、県、市町村が個々のGISを導入しており、持ち合わせている情報や使用方法にも差がありました。そこで、クラウド上での共通のシステムを採用することで、情報の共有化を図ることができます。使用者からの情報をアップロードすることで、インターネットにつながっている状況下であれば、管内の各現場情報が取得できます。

②スマートフォン・タブレット端末用アプリ

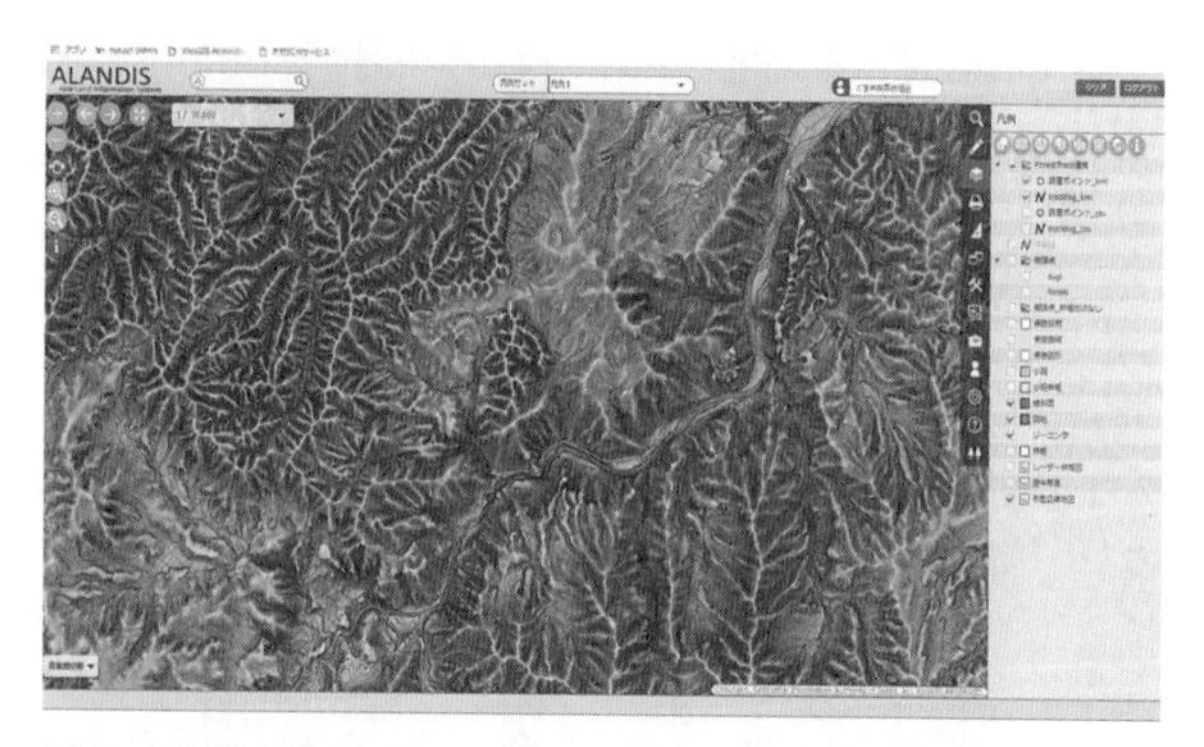

図2　森林クラウドシステムで表示された赤色立体図

タブレット端末アプリ

現場での管理に使用

図3　スマートフォン・タブレット端末用のアプリの使用

航空オルソ・詳細地形図・レーザ林相図をベースに小班や林分情報、等高線データを格納したシンプルなＧＩＳアプリにてオフライン環境下でも、現場での境界や施業地の確認ができ、またＧＮＳＳ情報を付した現場での軌跡や写真を取得し、その情報を事務所で森林クラウド上にアップロードすることにより、クラウド利用者全員に共有することが可能です（図３）。

③全天球カメラを利用した現地把握

撮影者の周囲３６０度を撮影可能な全天球カメラを利用して、他者へ現場の状況を把握してもらうことが可能になります。手軽に撮影でき、インターネットを介しての画像の共有や取得画像からおおよその材積推定も可能となっています。

⑷丸太写真検収アプリ

はい積み時の検収作業の人件費削減のため、画像による材積測定アプリを利用した材積確定の検証を行っています（図４）。取得したデータはオンライン共有が可能です。熊本県森林組合連合会では、海外輸出用に同様の検収アプリの利用による取引を始めているところです。

図4　丸太写真検収アプリによる材積確定

⑤ドローン空撮の有用性の実証

UAV（ドローン）での空撮と分析を行い、航空レーザ計測データと施業前後の比較（造林面積下刈り面積・間伐伐採率等）を行うことで、補助事業の検査における省力化を目指しています。また、撮影した写真をクラウドに搭載し、情報を更新することも検討しています。

(5) これまでの成果と見えてきた課題、今後の展望

最初に取り組みを開始した2015（平成27）年から2019（平成31）年で4年目になります。これまでに行ってきた成果と課題としては、次の2点が挙げられます。

①正確で効率的な施業計画の作成と各方面への説明資料

従来のデータによらない正確な樹高や材積等の現況データを盛り込んだ、より精緻な森林経営計画を作成することができることを実感できました。また、収量比数、相対幹距比、形状比、樹冠長率等の林分における間伐を行う際の指標となる情報がGIS上で数値化されているため、要施業林分を容易に特定することができます。航空レーザ計測データを活かした路網計画と正確な素材生産見込み量を盛り込んだ伐採計画を、優先順位をつけながらスムーズに立てることが可能になりました。さらに現在では、認定済みの計画においても入力データの比較検討を行うことで内容をブラッシュアップし、より確度の高い計画への見直しを進めているところです。

また、今まで山林に興味の薄かった森林所有者に対して、航空レーザ計測データやVRゴーグルを用いて、樹木の本数や平均樹高などの具体的な数字や森林の状況、所有界などを現地に

行くことなく、可視化して以前より分かりやすく提示することができるため、使いこなすことができればコミュニケーションを取る上での強力なツールになることを感じています。

所有者とのコミュニケーションが活性化することにより森林経営長期受委託契約締結の加速が見込まれ、林齢や立木密度のデータからみる施業の必要性とＩＣＴを活用することでの低コスト化による収益の増加をアピールすることができれば施業の集約化における理解と合意形成の進展も得やすくなるものと考えられます。そのためにも、施業時の一時的な計画ではなく、森林組合と所有者、行政とともに一貫性のある森づくりの長期ビジョンを、森林クラウド等を活用して今後も整理して、共有していく必要があると考えます。

②現場管理への活用

航空レーザ計測で得た素材生産量と実生産量の比較や森林調査手法の比較、路網線形選定にかかる労務費の比較等を各施業地ごとに行っており、精度の確認と、いかにしてＩＣＴの活用により省力化できるのか検証を続けています。搬出コストの縮減においてアプリによる検収やドローン空撮についても、精度実証とメリット、デメリットの精査を行っているところですが、これからＡＩの発達や技術の進歩、使用方法が洗練されることで、さらに活用のしやすさや幅も広がっていくと考えられます。

　また、現在のところ航空レーザ計測では材積量は推定できても、伐採した際の山林の価値に関わる単木の形質（直・曲がり、病気の有無）等の情報を得ることはできません。そのため対象森林の見積もりを机上のみで正確に行うことができるとは言えません。したがって、円滑なＳＣＭシステムの構築には、現場に赴いて得た情報と組み合わせることや、スマホやタブレット端末の各ツールを現場レベルで使用できるよう体制を整えて、現場作業員や流通業者等との共通認識を高めていかなければならないほか、長年、市場を中心としてきた木材流通の変革には需要側供給側双方の実情を鑑みてさらなる検証を重ねる必要があると感じています。

さいごに

　4年前より地域住民にスマート林業の取り組みを周知し、林業を身近なものに感じてもらうことを目的に、行政や他の林業関係者と協力し、林業フェアを開催しています。所有森林についての相談会のほか、木工体験や木のおもちゃ、ジビエ料理（鹿・猪）の試食、チェーンソーアート実演、高性能林業機械の実演等、様々な催し物を行っており、毎回多くの家族連れで賑わっています。

また、人吉市内の小中学校に対しては林業教室を行っています。ICT林業を含めた、森林・林業の説明、林業クイズ、チェーンソーによる玉切り実演、シイタケの種駒打ち体験等を通して、林業への理解と興味を深めてもらい、将来の森の担い手確保につなげる取り組みも始めています。さらに、熊本県を中心として、昨年度より地元の高校生向けの林業界の就業説明会の開催を始めています。地域として、次代の林業を背負ってゆく人材の確保に本腰を入れ始めているという流れを感じています。

仕組みとしても技術的にもクリアすべき課題はまだまだ少なくありませんが、少子高齢化の中、ICTをうまく活用することにより担い手不足を解消するとともに、売り手よし、買い手よし、世間よしの「三方よし」で、行政を含めたステークホルダー（森林所有者、川上・川中・川下それぞれの事業体）のメリットの増大を地域全体で目指していきたいと考えています。その延長線上で、森林組合としての本来の目的でもある森林所有者の経済的、社会的地位の向上ならびに森林の保続培養及び森林生産力の増進の両立の達成につなげていけると考えています。

本書の著者

編著：寺岡行雄（てらおか ゆきお）
鳥取県生まれ。
1994年３月九州大学から博士（農学）を取得し、同年４月九州大学演習林助手、1997年４月から鹿児島大学農学部で勤務。2013年２月から鹿児島大学農学部教授、現在に至る。最近の研究テーマは①儲かる林業、②ICT林業の構築、③森林バイオマスエネルギー、④モウソウチク林の取り扱い方法など。学外委員として、2012年～鹿児島県二酸化炭素削減・吸収量認証審査会委員長、2017年～鹿児島県再生可能エネルギー推進委員常任委員、2018年～屋久島世界自遺産科学委員会委員、鹿児島県森林審議会委員など。

狩谷健一（かりや　けんいち）
山形県・金山町森林組合常務理事

眞鍋豊宏（まなべ　とよひろ）
熊本県・くま中央森林組合主任技師

林業改良普及双書 No.195

地域の林業戦略に活かす林業ICT

2020年2月25日　初版発行

著　者 —— 寺岡行雄

発行者 —— 中山 聡

発行所 —— 全国林業改良普及協会
〒107-0052 東京都港区赤坂1-9-13 三会堂ビル
電 話　03-3583-8461
FAX　03-3583-8465
注文FAX　03-3584-9126
H P　http://www. ringyou. or. jp/

装　幀 —— 野沢清子

印刷・製本 — 株式会社技秀堂

定価はカバーに表示してあります。

2020 Printed in Japan
ISBN978-4-88138-384-1